자주
가까이
완주 제대로 즐기기

완주 놀고먹go go go

가림출판사

완주의 사계 - 봄

완주의 사계 - 겨울

완주의 보물 이야기
전설과 예술과 현대적 발전이 공존하는 땅

완주의 역사

현재의 완주는 삼한 시대에는 마한의 영토로 백제 위덕왕(27대) 때 완산주가 설치되었지만, 565년 폐지되었다. 백제가 무너진 후 통일신라 신문왕 때인 685년에 완산주가 되었고 그때부터 지방 행정의 중심지로 발전하게 되었다.

경덕왕 때인 757년에는 이름을 전주로 변경하며 완산정이 설치되었고 군사상 중요한 중심지로 취급되었다. 900년 견훤이 후백제를 건설할 때 편입되었으며 고려로 바뀌고 나서는 안남도호부로 있다가 940년에 전주로 복구되었다. 이후 승화 → 순의군 → 안남대도호부 → 전주목 → 부고→ 완산부로 계속 변경되었다. 조선 시대에는 태조의 고향으로 중시되어 완산유수부로 승격되었으며, 1403년 전주부로 개칭되었다.

1914년 고산군이 통합되어 전주군이 설치되었으며 1935년에 전주읍이 전주부로 승격됨에 따라 전주군이 완주군으로 개칭되어 15개 면을 관할하였다.

이후 여러 면과 읍 등이 변화를 겪다가 2015년 10월, 3읍 10면(봉동읍 · 삼례읍 · 용진읍, 경천면 · 고산면 · 구이면 · 동상면 · 비봉면 · 상관면 · 소양면 · 운주면 · 이서면 · 화산면)으로 변경되었다.

지리적 환경

현재 완주는 노령산맥의 서쪽 사면과 호남평야의 북동 연변부를 아우르며 전주시를 둘러싼 교통의 요충지에 자리 잡고 있다. 완주군의 북동남부는 노령산맥으로 대둔산(878m) · 운장산(1,126m) · 고덕산(603m) · 만덕산(762m) · 모악산(793m) 등 험준한 산악으로 둘러싸여 있다.

따라서 대부분 산지여서 경지비율이 17.2%에 불과하며 남동부는 밭농사 지대이고, 봉동읍 · 삼례읍 · 용진읍 등은 벼농사 지대다. 이 외에도 전주시 근교 지역에서는 과수 원예농업이 활발하고 이서면 · 소양면 · 용진읍 · 삼례읍 · 봉동읍에서는 채소류와 과수류가 많이 생산된다.

완주군의 특산물로는 삼례읍 · 고산면에서 딸기가, 이서면에서는 신고배가 유명하며 봉동읍의 생강, 포도, 동상면의 곶감, 비봉면의 수박은 전국적으로 알아주는 작물이다. 경천면 · 상관면 · 운주면의 대추, 경천면 · 동상면 · 화산면의 밤 등 임산물도 많이 생산되며, 곶감 · 생강 · 딸기 · 한우 · 대추 · 양파 · 마늘 · 감식초는 군이 자랑하는 8품이다.

문화와 풍물

대둔산은 호남의 금강이라고 불리고 운주면 금·고당리는 산세가 깊기로 유명하며 운주면의 〈선녀와 나무꾼 이야기〉, 이서면 앵곡 마을의 〈콩쥐팥쥐〉 등 고전 이야기의 바탕이 되는 지역도 있다. 대 아호를 낀 대아수목원이나 창포마을 등은 청정 지역으로도 유명 한 곳이 완주군이다.

또 수령이 40년이 넘는 벚나무가 2km에 걸쳐 터널을 만들어서 해 마다 4월이면 인산인해를 이루는 송광사 앞의 소양면, 비구니 스 님의 사찰인 위봉사, 국가에 위기가 닥칠 때마다 땀을 흘린다는 불상이 있는 송광사, 백제 시대의 건축 흔적이 살아 있는 하앙식 건물로서 국보로 지정받은 화암사의 극락전, 호남 가톨릭의 발상 지 초남이성지와 순교역사를 담고 있는 천호성지 등 종교와 역사 가 남다른 곳들이 많다. 대승한지마을은 세계적인 한지의 생산지 로서 그 전통이 면면히 살아 있는 반면, 삼례문화예술촌과 삼례책 마을은 역사적 유물을 탈바꿈시켜 전북 문화의 새로운 이정표를 제시한 문화의 보고가 되었다.

봉동읍에 위치한 전주 제3지방산업단지에는 현대자동차(주) 전주 공장이 일찍이 입주하였고, 끊임없는 '기업 유치 노력'을 하고 있

는 완주군은 2017년 경제활동친화성 종합순위에서 전국 1위를 차지하여 '기업하기 좋은 곳'이라는 결과물을 이뤄냈다. 완주군은 도전을 멈추지 않고 테크노밸리 2단계 사업을 추진하고 중소기업 전용 농공단지를 신규로 조성하는 등 도농복합도시 특성에 맞춰 기업형·농촌형 일자리 투트랙 전략으로 2만 개의 신규 일자리를 창출하고 있다.

현재 완주군은 '누구나 향유할 수 있는 문화체육'이라는 정책 방향 속에 지역 자원을 활용한 관광 명소화 추진, 특색 있는 읍·면·마을 대표 축제 개발 등 문화예술관광의 경쟁력 강화를 위해서 노력하고 있으며 15만 도농복합 자족도시 완주 시대를 열어가고 있다.

여행이 설레는 이유는
치열하지 않아서다.

삶을 한 걸음 뒤에서 볼 수 있는 여유를 갖는 것,
여유를 찾다 보니 보이지 않던 것이 보인다.

알고 보니
삶은 좀 더 가치가 있고
나와 살던 사람이 생각보다는 근사하다.

그래서 여행지는 좀 더
바쁘지 않고 치열하지 않은
'느린 문화가 있는 곳'이 필요하다.

완주는 눈에 보이는 변화는 빨라 보인다.
그러나 우리의 전통이 살아 있고
고향의 음식을 먹을 수 있고
옛 문화 속에서 놀 수 있는 곳이다.

행복은 결코 앞에만 있거나
빠름에만 있지는 않다.

완주 여행은 그것을 알려준다.

완주에서

대둔산도립공원
화산 상호마을
경천 화남사
경천 요동마을
비봉 천호성지
비봉 천호마을
경천 오복마을
익산시
고산 창포마을
대아수목원
고산미소시장
고산자연휴양림
용진 신봉마을
위봉폭포
삼례문화예술촌
용진 두억마을
동상 운장산계곡
삼례 비비정
위봉사
용진 도계마을
소양 송광사
동상 밤티마을
이서 초남이성지
소양 인덕마을
소양 대승한지마을
이서 물고기마을
전주시
이서 앵곡마을
대한민국 술테마박물관
상관 편백숲
진안군
모악산 도립공원
구이 안덕마을
임실군

chapter 3
완주에서 먹어보자

자주
가까이
완주 제대로 즐기기

완주 놀go 보go 먹go

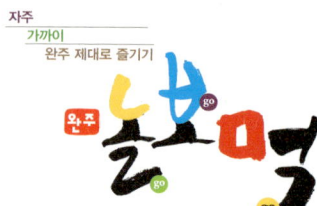

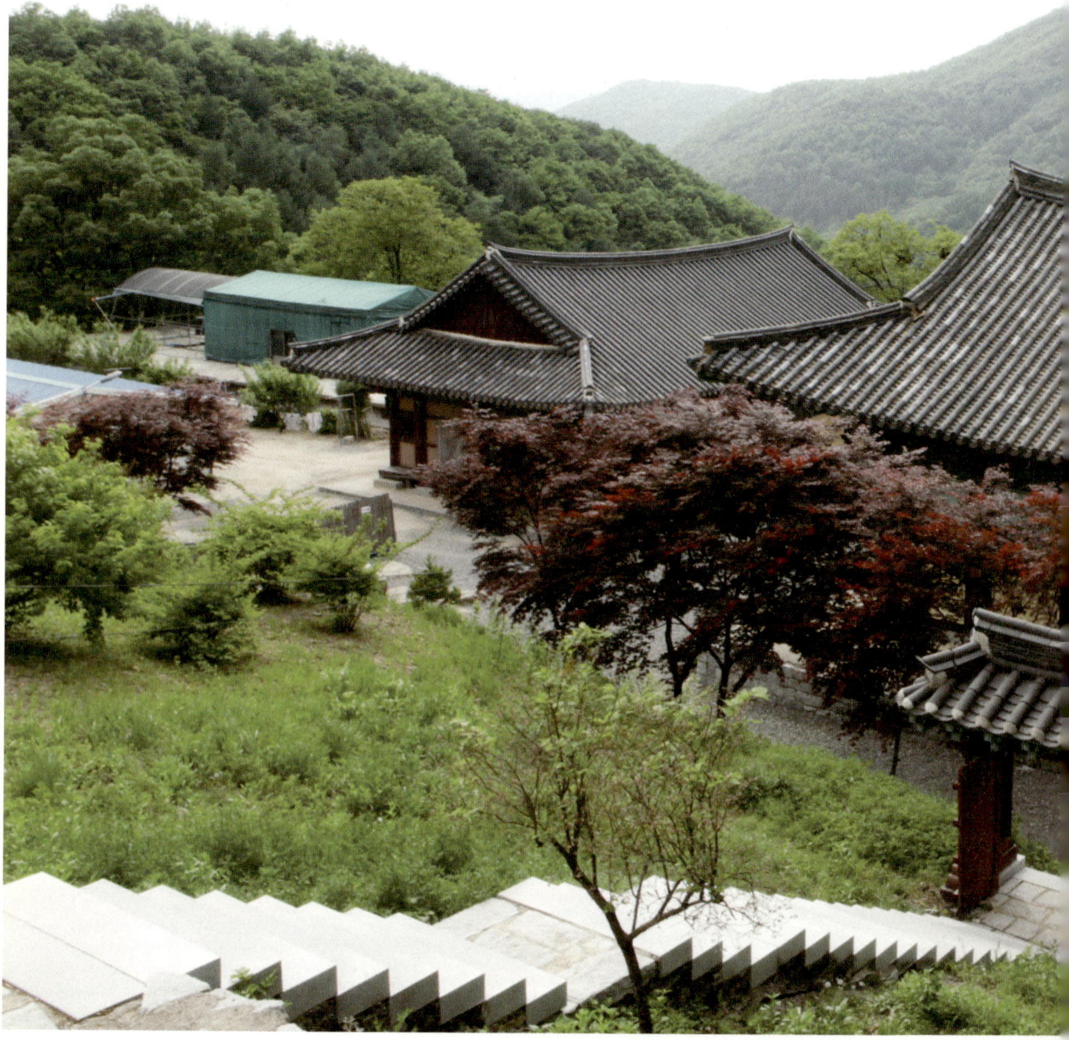

I

chapter

완주에서 놀아보자

전라도에서 가장 깊숙한 땅 완주에서 자연과 함께하는 여행은 '자연과의 일체감'을 느끼는 즐거움이 있다.
청정 자연의 맛을 만들고, 자연의 소리를 듣고, 자연을 극복한 지혜를 배운다. 완주 여행에서 청정 자연을 빼놓을 수 없는 이유이다.

1

외국인에게 보여 주고 싶은 여행 코스

전통이 살아 있는 완주

※ 여기에 표시된 거리와 시간은 자동차 기준입니다.

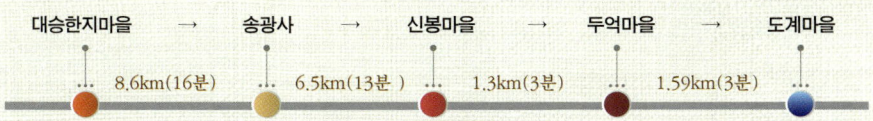

대승한지마을 → 송광사 → 신봉마을 → 두억마을 → 도계마을

8.6km(16분) 6.5km(13분) 1.3km(3분) 1.59km(3분)

[소양 대승한지마을] 이곳에서는 우리나라의 자랑스러운 한지를 보여 줄 수 있다. 천 년 간다는 한지가 어떻게 만들어졌는지 체험할 수 있다.

▶ 한지 초지 · 한지 초지 액자 · 한지 고무신 · 연필꽂이 · 손거울 · 엽서 · 다용도함 만들기

[소양 송광사] 외국인에게는 신기하게 보일 사찰 여행은 우리 문화의 독특함을 느끼게 해 줄 것이다. 볼 것 많은 천년사찰 송광사를 추천한다.

▶ 템플스테이로 산사 문화 체험, 아름다운 순례길 체험

[용진 신봉마을] 서양에는 팝송이 있지만, 우리에게는 민요가 있다. 마을 주민들로 구성된 민요합창단을 통해 서민들의 전통가요인 민요를 들을 수 있다.

▶ 민요 체험, 수수경단 만들기

[용진 두억마을] 산과 호수로 둘러싸인 국내 8대 명당 중 하나. 선비 문화 체험, 전통놀이 체험, 참나무숯불구이 등으로 한국의 전통문화를 체험할 수 있다.

▶ 과거시험(20인 이상) 체험, 전통민속놀이, 허수아비 만들기, 전통제기 만들기

[용진 도계마을] 우리나라 고유의 영양식인 두부와 손두부, 그리고 김장김치를 구입거나 만들어 보는 체험을 할 수 있어, 외국인에게 우리 고유의 맛을 알릴 수 있다.

▶ 손두부 · 상황버섯 김치 · 콩비지완자 · 전통매듭 만들기, 야생초 손수건 염색, 조롱박꾸미기, 민박 체험

완주 놀보먹

소양 대승한지마을
Soyang Daeseung Hanji Village

천년한지를 보여 줄 수 있는 마을

전라북도 완주군 소양면 복은길 18 | 063-242-1001
http://www.hanjivil.com

　대승한지마을은 세계적으로 이름난 한지[고려지(紙)]의 원산지다. 우리 선조들은 천 년 이상 유지되는 세계에서 가장 우수한 한지를 만들어냈다. 따라서 외국인과 함께 대승한지마을을 방문한다면 400년 동안 이어온 '고려지(紙)' 제작 과정을 견학하며 우수한 한국 문화에 대한 경외감을 줄 수 있다. 이 마을에는 한지 공장 유적이 9곳이나 있으며, 한지 생산기술 보유자(전문 초지공) 10여 명이 거주하면서 한지를 보급하고 있다.

　이곳에는 한지 공예품들이 있는 전시관(승지관)과 한지로 직접 제품을 만들어 보는 체험관, 한지 생활사전시관, 한지 제조장, 닥가마 야외 작업장 등의 체험장과 석기시대 유적지, 서당, 서원, 문중재각 등 외국인 친구에게 보여 줄 만한 다양한 문화재가 많다.

04

1 한지 생활사전시관의 모습. 천 년을 간다는 한지가 우리의
생활 속에서 어떻게 활용되는지 보여 주고 있다.

2 한지 제작 장면. 이곳에는 10여 명의 한지 생산기술 보유
자들이 거주하고 있다.

3 한지로 공예품을 만들면서 재미있어 하는 외국인들

4 한국관광공사로부터 인증 받은 한옥 숙박시설

5 한지 제작을 체험해 보는 외국인들

완주 놀 보 먹

소양 송광사
Soyang Songgwangsa Temple

볼거리 가득한 천년사찰

전라북도 완주군 소양면 송광수만로 255-16 | 063-241-8090
http://songgwangsa.or.kr

외국인들의 눈에는 사찰이 낯설고 색다른 볼거리일 수밖에 없다. 천 년 역사를 지닌 사찰이라면 더욱 자랑스러운 한국 문화로 내세울 만하다. 송광사에는 우리 전통 사찰의 독특함이 그대로 살아 있어 외국인들과 함께하는 여행 코스로는 이만한 곳이 없다.

대웅전이나 종루 등 보물로 등록되어 있는 자랑스러운 문화재들이 있고 사찰 경내가 매우 아름다워서 우리나라 사찰만의 매력을 느낄 만하다. 특히 우리나라 사찰 중에서는 가장 큰 규모의 연못이 있어서 이곳의 연꽃을 보는 순간 '원더풀'이란 말이 절로 튀어나올 것이다.

1 송광사 연못에 핀 연꽃. 우리나라 사찰에서는 가장 큰 규모다.

2 보물 제1244호로 지정된 종루. 십자형으로 지어진 점이 독특하다.

3 4월 초에 장관을 이루는 벚꽃길

4 사찰에서 연꽃을 만들며 즐거워하는 사람들

5 송광사의 대웅전. 보물 제1243호로 지정되어 있다.

완주 놀 보 먹

용진 신봉마을에는 마을 주민들로 이루어진 유명한 민요합창단이 있다. 60세 이상의 할머니 15명으로 구성되어 있는 이 민요합창단은 쟁쟁한 실력으로 전라북도만이 아니라 전국적으로도 이름을 떨치고 있어서 외국인 친구들에게 우리 가락의 진면목을 보여 줄 수 있다. 이 외에도 마을 벽에 그려져 있는 3D 벽화도 재미있고, 외국인 친구들과 함께 수수가루로 수수떡을 빚어 콩고물이나 팥고물에 묻혀 먹으면서 한국 음식 체험도 할 수 있다.

용진 신봉마을 Yongjin Shinbong Village

신명 나는 민요 공연에 군침 돋는 수수떡까지

전라북도 완주군 용진읍 운곡신봉길 14-2 | 063-717-7700(사)마을통

1 함께 민요를 배우는 모습. 민요가 주는 즐거움에 빠져드는 시간이다.
2 4 온 마을 담장에 벽화가 그려져 있어서 사진 찍는 재미가 있다.
3 전국적으로도 유명한 민요합창단의 공연 모습
5 수수경단 만들기 체험. 떡을 빚은 후 콩고물이나 팥고물에 묻혀 먹는다.

용진 두억마을 Yongjin Dueok Village

한국 전통문화의 매력에 빠져들게 하는 마을

전라북도 완주군 용진읍 두억길 13-12 | 063-247-0050

http://cafe.daum.net/happybongse

① 굴렁쇠 등 전통놀이를 하면서 즐거워하는 아이들

② 외국인 농촌체험 관광

③ 옛 봉서학당을 재연하며 즐거워하는 외국인들

④ 선조들의 과거시험 체험. 장원급제 복장을 하고 환하게 웃고 있는 관광객들

⑤ 해설이 있는 숲, 땅 밟기 장면

⑥ 두억마을에서는 친환경 요리를 뷔페식으로 먹을 수 있다.

완주군의 종남산과 서방산 자락에 위치한 두억마을은 매우 아름다워서 외국인들이 오면 단번에 한국의 자연을 사랑할 수밖에 없게 만든다.

자연환경만 아름다운 것이 아니라 봉서학당, 과거시험 등 우리 전통문화의 재연은 물론이고 전통놀이를 체험할 수 있어서 한국의 매력을 알리는 데 안성맞춤이다.

용진 도계마을
Yongjin Dogye Village

우리의 맛 · 김치와 두부를 맛보다

전라북도 완주군 용진읍 봉서로 198 | 063-244-0684
http://dogyekimchi.hohom.co.kr

1 김장김치를 직접 만들어 보는 체험. 도계마을에서는 김장김치를 비롯해 손두부, 콩비지완자 등 전통음식을 직접 만들어볼 수 있다.
2 도계마을에 있는 봉서골권역센터
3 관광객들이 표고버섯을 따며 즐거워하고 있다.
4 손두부 만들기 체험

봉서골은 도계마을과 원간중 2개 마을로 이루어져 있는데, 봉서골정보화센터가 있는 도계마을이 중심지 역할을 한다.

외국인이 도계마을에 오면 우리나라 고유의 영양식인 두부와 순두부를 구입하거나 같이 만들어 보는 체험을 할 수 있다. 특히 도계마을에서는 직접 심어서 수확한 상황버섯으로 김치를 만드는데, 이곳에서만 만들어지는 독특한 김치를 맛보고 같이 만들어 보는 체험까지 할 수 있어서 외국인들에게 인상 깊은 기억을 선사할 수 있다.

또 도계마을에는 봉서골권역센터의 세미나실과 봉서골정보화센터의 컴퓨터교육장이 있어서 외국인 단체 여행객들의 교육 장소로 사용하기에도 좋다.

1

외국인에게 보여 주고 싶은 여행 코스

놀이와 휴양의 한마당 완주

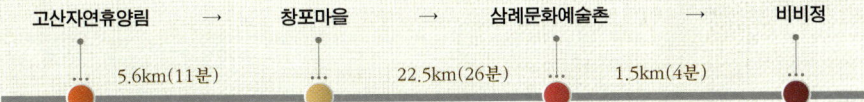

고산자연휴양림 → 창포마을 → 삼례문화예술촌 → 비비정

5.6km(11분)   22.5km(26분)   1.5km(4분)

[고산자연휴양림] 기암절벽이 어우러진 물 맑은 계곡에서 4계절 휴양과 레저가 가능한 휴양지로, 에코어드벤처 시설을 이용하면 훨씬 재미난 체험이 가능하다.

▶ 물놀이, 에코어드벤처, 숲속의 집과 캐러밴 숙박시설

[고산 창포마을] 창포의 마을이면서, 다듬이를 두드려 하는 타악연주를 들을 수 있는 곳이다. 외국인들의 눈에는 매우 신선한 광경이 될 것이다.

▶ 다듬이 공연, 창포비누 만들기

[삼례문화예술촌] 우리나라의 회화와 디자인, 책 관련 문화를 보여 주는 곳이다. 한국의 예술적 기질과 수준을 자랑할 수 있다.

▶ 책 관련 가구 제작 체험(김상림 목공소), 체험 북 만들기, 문화카페

[삼례 비비정] 호남평야와 만경강을 바라보는 풍경이 최고인 정자. 특히 해질녘의 경치는 사진을 찍는 데 최적의 장소여서 외국인들에게 잊지 못할 추억을 남겨 줄 수 있다.

▶ 비비정 농가레스토랑, 비비정예술열차

완주 놀보먹

고산자연휴양림 Gosan Natural Recreation Forest

캠퍼에게 각광받는 사계절 휴양지

전라북도 완주군 고산면 고산휴양림로 246 | 063-263-8680
http://rest.wanju.go.kr

고산자연휴양림은 한국의 자연을 감상하며 휴식과 레저를 한 꺼번에 즐길 수 있는 곳이다. 사계절을 가리지 않고 어느 때 방문해도 재미있게 놀 수 있다. 특히 고산자연휴양림에는 숲의 지형지물을 이용해 공중에 와이어와 로프를 설치해 이동할 수 있게 함으로써 자연 속에서 모험심을 기를 수 있는 에코어드벤처 시설이 있어서 외국인들에게도 색다른 즐거움을 안겨 줄 수 있다.

근처에 있는 고산문화공원에는 밀리터리파크 서바이벌 게임, 15인승 자전거인 투어바이크, 무궁화천문대, 4D 만경강수생생물 체험과학관 등이 조성되어 있어 다양한 레저활동을 즐기는 외국인들에게 특별한 재미를 선사할 수 있다.

01

1 고산자연휴양림. 다양한 휴양시설과 놀이시설이 구비되어 있다.
2 봄꽃이 만발한 고산자연휴양림
3 숙박시설. 맑은 공기 속에서 숙박할 수 있다. 캐러밴 숙박, 야영장 숙박도 가능하다.
4 투어바이크를 타는 관광객들
5 휴양림에 조성된 에코어드벤처를 즐기는 관광객들

완주 놀보먹

고산 창포마을

Gosan Changpo Village

창포와 다듬이 연주가 있는 마을

전라북도 완주군 고산면 대아저수로 385 | 063-261-7373
http://www.changpovil.com

고산 창포마을은 국내에서 '창포'를 가장 크게 재배하는 곳으로 토종창포로 우린 물로 머리를 감거나 천연비누를 만들어 보는 체험을 할 수 있어서 외국인들의 눈에 매우 신선해 보일 것이다.

또 국내에서는 유일하게 다듬이로 연주하는 연주단의 공연은 외국인만이 아니라 내국인들에게도 진귀한 체험이다. 다듬이는 옛날에 옷을 빨고 두드려서 폈던 도구로, 이곳에서 예술로 승화된 것이다. 듣다 보면 다듬이 소리의 흥겨움에 절로 어깨춤이 나온다.

이곳에서는 매년 음력 1월 15일 정월대보름에 열리는 만경강 달빛축제와 음력 5월 5일에 열리는 단오제가 재연되고 있어서 한국적인 축제의 진수를 보여 줄 수 있다.

01

1 맑고 깨끗한 청정 지역을 자랑하는 마을의 전경
2 3 마을 주민의 다듬이연주 장면, 마을 주민과 관광객이 함께 신나게 다듬이를 두드리고 있다.
4 5 비누 만들기와 창포물로 하는 손수건 천연염색
6 창포물로 머리감는 장면. 창포마을에서 빼놓을 수 없는 체험이다.

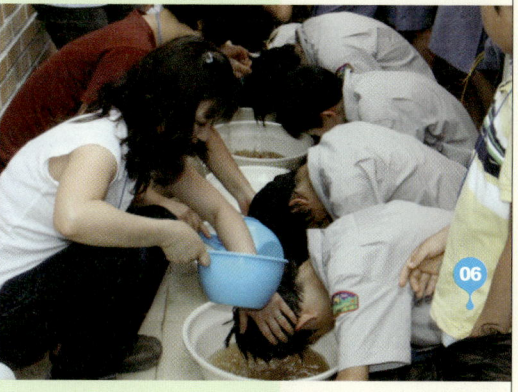

완주 놀 봄 먹

삼례문화예술촌
Samnye Culture Art Village

여행의 여유 속에서 맛보는 고급 복합문화 예술 공간

전라북도 완주군 삼례읍 삼례역로 81-13 | 070-8915-8121~32
http://www.sranvil.kr

외국인 친구들에게 한국 예술의 발전상을 보여 줄 수 있는 곳이다. 삼례에는 사실 아픈 역사가 있다. 이곳 삼례는 과거 호남지방의 곡물들을 모아서 일제의 부를 채워 주던 수탈의 장소였기 때문이다. 따라서 삼례문화예술촌에서 이런 우리의 아픈 역사를 되돌아보고, 이곳에 전시되어 있는 회화와 미디어 작품을 통해 우리나라 회화의 수준을 보여 주는 것도 의미가 있을 것이다. 또 책 박물관에서는 우리나라 책의 100년 역사를 한눈에 둘러볼 수 있어서 한국 문화를 소개하기에 좋은 코스다.

1 4 디자인뮤지엄. 각종 디자인 작품들을 볼 수 있다.
2 삼례문화예술촌 내의 문화카페 외관
3 삼례문화예술촌. 옛날 모습이 그대로 남아 있다.
5 책공방 북아트센터. 각종 책 제본 및 인쇄가 재현되어 있다. 나만의 책을 만들 수 있다.

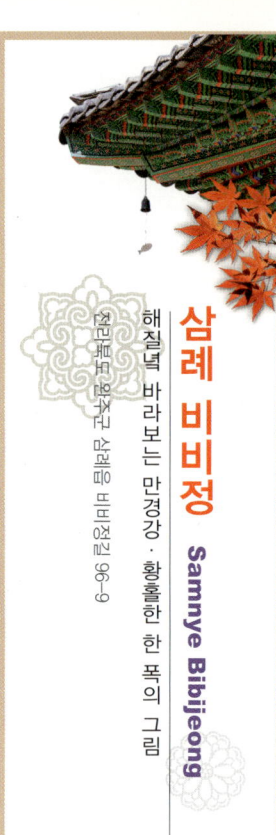

삼례 비비정 Samrye Bibjjeong

해질녘 바라보는 만경강 · 황홀한 한 폭의 그림

전라북도 완주군 삼례읍 비비정길 96-9

01

1 비비정과 예술열차의 모습
2 비비정에서 바라본 낙조
3 비비정에서 본 전경
4 하늘에서 내려다 본 비비정 전경
5 비비정 농가레스토랑의 내부. 이곳에서도 삼례마을의
멋진 전경을 볼 수 있다.

02

드넓은 호남평야와 지평선을 가로지르는 만경강을 한눈에 바라볼 수 있는 정자.

외국인들에게는 소박한 우리의 휴식 공간 이었던 한국 정자의 멋과 멀리 보이는 곡창 지대인 호남평야를 보여 줌으로써 한국 농업 문화의 근원지를 한눈에 담을 수 있게 해준 다. 낙조 때면 더욱 아름답게 변하는 이곳은 외국인에게 잊을 수 없는 한국의 한 장면이 될 것이다.

2

가족이 행복한 여행 코스

가족의 쉼과 즐거움이 있는 완주

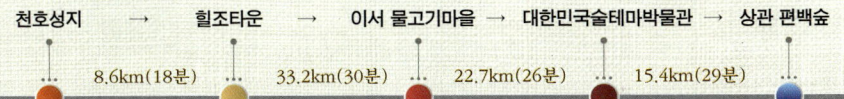

천호성지 → 힐조타운 → 이서 물고기마을 → 대한민국술테마박물관 → 상관 편백숲

8.6km(18분)   33.2km(30분)   22.7km(26분)   15.4km(29분)

[비봉 천호성지] 4명의 성인과 열 명의 순교자들이 묻혀 있는 한국 가톨릭의 대표 성지로 가톨릭 초기 순교의 역사가 남아 있는 곳이다. 하지만 지금은 천호성지 둘레길이 너무나 아름다워 가족 여행 중 쉼을 얻어가는 곳으로 이름나 있다.
▶ 성인묘역, 편백숲, 로사리오길, 천호가톨릭성물박물관

[비봉 힐조타운] 밤마다 불빛축제(산속여우빛축제)가 열려, 남녀노소를 가리지 않고 환상을 체험한다.
▶ 불빛축제, 파장수욕, 수소테라피, 화덕구이, 찜질방

[이서 물고기마을] 40년 동안 키워온 물고기가 가득한 마을로, 물고기 구경만이 아니라 물고기 잡기 등으로도 즐거운 한때를 보낼 수 있다.
▶ 물고기 먹이주기, 물고기 잡기, 가족 낚시, 재미있는 만들기 체험

[대한민국술테마박물관] 풍류와 해학이 넘쳤던 우리나라의 술 문화를 볼 수 있고, 술의 제조 과정까지 알 수 있는 곳이다.
▶ 발효 체험, 발효빵·쿠키·맥주·칵테일 만들기, 전통주 빚기

[상관 편백숲] 온 가족이 함께 편백숲 사이를 걸으면서 기분 좋은 산책을 할 수 있고, 유황족욕까지 할 수 있는 건강 코스다.
▶ 족욕을 할 수 있는 유황편백탕

비봉 천호성지
Bibong Cheonho Holy Ground

천주교 순교 역사의 현장

전라북도 완주군 비봉면 천호성지길 124 | 063-263-1004
천호가톨릭성물박물관 063-262-0801
http://www.cheonhos.org

천호성지에는 가톨릭 억압으로 인해 순교당한 성 이명서(베드로), 성 손선지(베드로), 성 정문호(바르톨로메오), 성 한재권(요셉) 등 4명의 성인들이 잠들어 있다. 또 김영오 아우구스티노를 비롯해 열 분의 순교자와 이름 없는 수많은 분들이 묻혀 있어 천주교의 성지로 명성이 높다.

이곳은 경건한 곳이지만 경치가 매우 아름다운 곳으로도 유명하다. 이곳에 있는 편백숲, 로사리오길, 품안길 등을 따라 걷다 보면 기분이 좋아지고 온 가족이 힐링을 체험할 수 있다.

1 2 천호성지의 전경
3 성인들의 유해가 있는 봉안경당
4 5 박물관에 안치된 성물들

천호성지를 지나 찾아가는 힐조타운은 비봉면의 명산으로 꼽히는 봉실산에 들어서 있으며, 현대인들의 지친 몸과 마음을 치유하기 위해 조성된 자연 속 힐링 공간으로, 밤마다 가족 모두가 좋아하는 불빛 축제가 열린다. 이 불빛은 계절별로 다른 특징을 보여 주기 때문에 언제 관람해도 색다른 맛을 느낄 수 있다. 어린 아이들이 있다면 힐조타운에 마련된 넓은 자연정원에서 하는 자연 체험 프로그램을 통해 자연의 소중함을 배울 수 있다. 이 외에도 몸을 새롭게 하는 수소테라피 시설을 이용해 보는 것도 좋다.

비봉 힐조타운 Bibong Healjo Town

환상적인 빛의 매력에 빠지다

전라북도 완주군 비봉면 천호로 235-38 | 1899-5852
http://www.healjo.co.kr, http://www.huesikhae.com

① 밤에 아름답게 피어나는 산속여우빛축제의 한 장면
② 힐조타운의 환상적인 야경
③ 힐링 족욕을 할 수 있는 공간. 6개의 특수 필터를 통과시켜 만든 파장수를 사용하여 모공 속의 노폐물을 제거한다. 상쾌함만이 아니라 촉촉한 피부결을 느낄 수 있다.
④ 건강식으로도 힐링할 수 있다.

이서 물고기마을 **Iseo Fish Village**

국내 유일의 물고기 생태체험 학습장

전라북도 완주군 이서면 반교로 311 ┃ 063-213-8400

http://물고기마을.com

이서 물고기마을에 들어서면 다른 곳에서는 볼 수 없는, 40년 동안 전문적으로 키워온 물고기의 나라를 보게 된다. 16,000㎡ 양어장에 금붕어, 비단 잉어, 관상어 등 80여 종 200여만 마리의 물고기가 있다.

물고기를 가까이에서 볼 수 있다는 장점 때문에 수많은 어린이집, 유치원, 초등학교 학생들과 장애인 단체들, 가족, 친지, 연인들이 방문한다.

이곳에는 잔디구장, 생태습지, 수생식물 체험장, 인공폭포, 대형인조물고기, 물레방아, 입체형 아쿠아리움, 실내수족관 등이 있고, 물고기 관람, 뗏목타기, 물고기 먹이주기, 물고기 잡기 등으로 온 가족이 물고기를 보는 재미에 빠져들게 한다.

1 물고기를 담아가며 즐거워하는 아이들
2 물고기 밥을 주는 모습
3 물고기 잡기 체험을 하고 있는 아이들
4 물고기를 지켜보는 유치원생들. 물고기마을을 찾는 단체 관광객들이 많다.

대한민국술테마박물관

Theme Museum of Korean Liquor

풍류와 여유가 가득한 우리 술 문화를 배우는 공간

전라북도 완주군 구이면 덕천전원길 232-58 | 063-290-3842

http://sulmuseum.kr

대한민국술테마박물관에는 무려 5만여 점이나 되는 술과 관련된 유물이 있고 전국 각지에서 수집해 온 한국 전통주가 있다.

이곳에서는 전시된 술 관람뿐만 아니라 전통주나 와인, 맥주를 만들어보기도 하고 술의 제조 과정도 직접 볼 수 있다.

한국의 술 문화는 원래 자연과 벗하며 풍류가 넘쳤고, 서민들에게 술은 일이 힘들 때 삶의 애환을 풀어주는 역할을 해 왔다. 술테마박물관에서는 명주를 만들어낸 한국 장인들의 솜씨에 큰 자부심을 갖게 된다.

1 2 박물관 전경. 2015년에 개관했고 다목적홀, 체험실습실, 발효숙성실, 야외무대가 있다. 또 전시관으로는 수장형 유물전시관, 입체영상관, 술의 재료와 제조관, 대한민국 술의 역사와 문화관, 주점재현관, 전통주 르네상스관, 세계의 술, 향음문화체험관이 있다.
3 주점재현관. 1960년대 양조장과 대폿집, 1990년대 호프집이 재현되어 있다.
4 수장형 유물전시관. 5만여 점의 다양하고 방대한 유물이 주제별로 전시되어 있다.
5 누룩으로 피자를 만드는 체험

전라북도 완주군 상관면 죽림리 산214-1

상관 편백숲 Sanggwan Hinoki Cypress

편백이 주는 피톤치드의 힐링 공간

활을 쏘는데, 나무가 너무 많아서 제대로 맞출 수가 없다. 적과 주인공은 나무 뒤에 숨었다가 공격하기를 반복하며 치열한 사투를 벌인다. 바로 영화 〈최종병기 활〉의 한 장면이다. 이 장면의 배경이 된 곳이 바로 상관 편백숲이다. 산자락 85만 9500㎡에 10만 그루의 편백를 심고 잘 가꾸어 지금처럼 울창한 편백숲이 되었다.

세월이 걸려도 나무를 심어야 하는 이유와 그 나무가 성장해서 어떻게 도움을 주는지를 아이들 스스로 체득할 수 있는 곳이다.

숲에 오르면 길이 둘로 갈라지며, 하나는 족욕을 할 수 있는 유황편백탕을 지나 통문으로 가는 길이고, 다른 하나는 편백숲 오솔길을 옆에 두고 걷는 길이다. 어느 방향이든 편백이 내뿜는 피톤치드로 건강에 좋은 쉼을 얻을 수 있다.

1 상관 편백숲의 모습. 나무가 빽빽하다.
2 가족들이 함께 삼림욕을 하는 장면

2

가족이 행복한 여행 코스

가족들이 모험과 문화를 함께하는 즐거움

고산자연휴양림 → 화암사 → 오복마을 → 삼례책마을 → 삼례문화예술촌 → 앵곡마을

21.3km(33분) 9.3km(17분) 23.8km(26분) 0.2km(1분) 16.22km(21분)

[고산자연휴양림] 아이와 어른 할 것 없이 모두 재미나게 놀 수 있는 레저휴양림이다. 가족들이 함께 에코어드벤처 시설을 통해 모험도 즐기고, 자연 속에서 가족 사랑을 느낄 수 있다.
▶ 물놀이, 에코어드벤처, 숲속의 집과 캐러밴 숙박시설

[경천 화암사] 가족끼리 서로 밀어주고 끌어주면서 땀 흘리고 걷다 보면 눈앞에 나타나는 화암사. 이렇게 세월의 풍상을 겪은 사찰이 또 있을까 싶을 정도로 연륜이 배어 있는 곳이다. 국보 극락전이 유명하다.
▶ 요동마을 화암사 야생 숲길 체험

[경천 오복마을] 농촌 체험 1번지 마을이다. 좋은 공기를 마실 수 있고, 숙박도 하면서 웰빙 식사, 농산물 수확 등 농부의 행복을 체험할 수 있다.
▶ 블랙베리효소 · 전통간식 인절미 · 두부 · 천연염색 손수건 만들기, 고구마 · 땅콩 · 옥수수 수확 체험, 미꾸라지 잡기 체험

[삼례책마을] 고서와 헌책과 절판 도서 10만여 권이 전시되어 있는 곳으로 우리의 옛 서적 문화를 한눈에 볼 수 있다.
▶ 전시품 감상, 벼룩시장, 북페스티벌, 북페어

[삼례문화예술촌] 가족 여행에서 전북 예술인들의 작품을 감상할 수 있는 전시관이다. 양곡 수탈 창고를 개조해 만든 전시관 자체만으로도 역사 공부가 된다. 책 만들기 체험도 가능하다.
▶ 책 관련 가구 제작 체험(김상림 목공소), 체험 북 만들기, 문화카페

[이서 앵곡마을] 우리 전래동화 콩쥐팥쥐의 마을이다. 온 마을 벽에 콩쥐팥쥐 이야기가 담긴 벽화들이 그려져 있어서 마치 동화의 나라에 온 것 같다. AR 벽화로 재미있는 사진도 찍고 콩쥐의 꽃신 만들기 체험도 할 수 있다.
▶ 콩쥐 꽃신 만들기, 콩쥐를 도와줘(벽화 체험)

기암절벽과 맑은 물로 완주 2경으로 꼽힌다. 이곳에 캠프를 치고 숲을 거닐어 보면 정신도 맑아지고 기분도 상쾌해진다.

또 가족 모두가 즐길 수 있는 에코어드벤처 시설이 있어서 모험을 통해 가족 사랑을 다질 수 있다.

이 외에도 여름에는 물놀이, 가을에는 단풍구경, 겨울에는 설경을 배경으로 한 놀이도 할 수 있어서 언제 찾아가도 즐겁게 보내다 올 수 있는 곳이다.

재미있는 캠프를 원하면 캐러밴을 이용하고, 좀 더 편한 숙박을 원하면 좋은 시설이 갖춰진 숙소를 이용하면 된다. 아니면 부분적으로 야영지를 이용할 수도 있어서 가족 캠핑에는 최적지이다.

고산자연휴양림 Gosan Natural Recreation Forest

가족과 함께 에코어드벤처의 짜릿함 만끽

전라북도 완주군 고산면 고산휴양림로 246 | 063-263-8680

http://rest.wanju.go.kr

① 고산자연휴양림에서 즐기는 에코어드벤처의 한 장면. 가족이 모두 즐거워할 수 있는 시설이다.
② 투어바이크를 타고 즐거워하는 가족들. 휴양림을 돌면서 자전거로 운동도 하고 음료도 마실 수 있다.
③ 한 가족이 휴양림에서 점심 식사를 하는 장면
④ 캐러밴

전라북도 완주군 경천면 화암사길 271 | 063-261-7576

경천 화암사

산속에서 만나는 뜻밖의 보물

Gyeongcheon Hwaamsa Temple

화암사에 가기 위해 불명산 계곡을 따라 올라가다 보면 계곡과 약간의 험지를 지나게 된다. 그렇게 땀을 흘리며 올라서면 눈앞에 나타나는 화암사. 기둥과 건물 곳곳에 오랜 세월 겪어온 풍상의 흔적들이 남아 있다.

화암사는 작은 절이지만 마치 산이 품어 안은 듯 조용하고 아담해서 앉아서 땀을 식히며 산을 바라보노라면 고즈넉한 매력에 빠지게 된다.

화암사에는 특히 한국에 단 하나밖에 없는 하앙식 건축물인 극락전이 있다. 이 건물이 국보로 지정받은 덕분에 화암사의 가치가 더욱 높아졌다.

1 화암사에 도착하면 보이는 건물인데 바로 보물 제662호로 지정된 '우화루'다. '꽃비 흩날리는 누각'이라는 뜻의 우화루는 조선 광해군 3년(1611년)에 세워졌다. 큰 대문이 없다.

2 국내 유일의 하앙식 건축물로 국보 제316호로 지정된 극락전. 하앙이란 처마를 더 넓히기 위해 지붕 아래 더 이어둔 나무판을 말한다. 극락전의 하앙은 건물 앞쪽이 용의 머리 모양, 건물 뒤쪽은 꼬리 모양이어서 더욱 이채롭다.

3 화암사 경내. 작은 규모의 사찰에 고요함이 가득하다.

전라북도 완주군 경천면 오복마실길 45 | 063-263-5555
http://www.경천애인.com

경천 오복마을

푸근한 어머니의 정이 느껴지는 초가지붕 아래에서

Gyeongcheon Obok Village

오복마을은 다섯 가지 복을 가진 마을이라는 뜻으로 완주군 경천면에서 따온 말에 사람을 사랑한다는 뜻의 '애인'을 첨가해 경천애인(敬天愛人)으로 불리게 되었다. 농촌 체험 1번지라 불리는 이곳에서 가족이 함께 초가집형과 펜션형의 숙소에 머물면서 농촌을 온몸으로 느낄 수 있다. 블랙베리 효소 만들기를 비롯해 전통간식 인절미, 두부, 천연염색 손수건 등을 만드는 체험과 고구마와 땅콩, 옥수수를 수확하고, 미꾸라지를 잡는 체험 등으로 즐거운 시간을 보낼 수 있다.

이 외에도 오복마을 주변을 둘러싼 편백과 참나무, 소나무가 뿜어내는 피톤치드를 마시며 웰빙의 행복을 맛보고, 물고기 잡기 체험도 할 수 있다.

1 경천 오복마을의 전경. 행복한 농촌을 체험할 수 있어 농촌 체험을 위해 많이 방문한다.
2 농산물 수확 체험을 하는 모습
3 떡메를 직접 체험하는 아이들

전라북도 완주군 삼례읍 삼례역로 68 | 063-291-7820
http://www.koreabookcity.com

고서와 헌책들과의 특별한 만남

삼례책마을 Samnye Book City

01

02

고서들과 절판된 도서, 그리고 북페어 등 책에 관련된 다양한 문화를 즐길 수 있는 곳, 바로 삼례책마을이다. 일제강점기에는 양곡 창고였던 이곳은 2016년 문을 연 이래 많은 관람객들이 찾았다. 책을 멀리하는 아이들에게는 책에 대한 관심을 가지는 계기가, 어른들에게는 책의 소중함을 다시금 느끼는 기회가 될 것이다. 이곳은 북하우스, 한국학문헌아카이브, 북갤러리, 책마을센터로 이뤄져 있으며, 10만여 권의 절판 도서와 전시품도 감상할 수 있다.

1 북카페. 간단한 차와 음료를 판매하여 편안하게 독서를 하거나 휴식할 수 있는 공간이다.
2 삼례책마을 전경. 양곡창고를 개조해 사용하고 있다.

삼례문화예술촌

Samnye Culture Art Village

여행의 여유 속에서 맛보는 고급 복합문화 예술 공간

전라북도 완주군 삼례읍 삼례역로 81-13 | 070-8915-8121~32

http://www.srartvil.kr

가족들과 문화생활을 누린 지 얼마나 되었을까? 이곳에서 가족들과 '예술품'을 감상하는 시간을 가지며 미적 갈증을 충족시키는 기회를 얻을 수 있다. 삼례는 작은 읍 규모에 불과하지만, 이곳에 기차 전라선이 놓이면서 곡물 수송의 중심지로 변했다. 일제 강점기에 지어진 삼례양곡창고는 수탈의 상징이었다. 이 건물이 지금은 '삼례와 전라북도 예술'을 독특하게 드러내는 복합문화공간으로 탈바꿈했다.

창의력과 상상력이 넘치는 공간에서 회화와 디자인 작품을 보면서 아이들은 상상의 나래를 펼 것이고, 부모들은 나무를 다듬던 옛 공구들과 우리나라 책 100년의 역사를 보면서 추억을 되살릴 것이다.

1 삼례문화예술촌의 입구
2 삼례문화예술촌 김상림 목공소. 각종 작품들을 직접 만들어 볼 수 있다.
3 우리나라 책 100년의 역사를 볼 수 있는 박물관
4 **5** 삼례문화예술촌 밖의 전경

사람들은 콩쥐팥쥐 이야기를 얼마나 알고 있을까? '콩쥐팥쥐'에는 신발을 잃어버렸다가 다시 찾는 과정이 그려져 있고, 하늘의 신비한 힘이 콩쥐를 도와주는 부분에서는 판타지도 있다. 그리고 선한 이가 악인으로부터 고난을 당하지만 결국에는 악인의 죄악이 낱낱이 드러나면서 징벌을 받게 된다는 긴

이서 앵곡마을
Iseo Aenggok Village

콩쥐팥쥐의 마을 · 콩쥐의 신발을 찾아보자

전라북도 완주군 이서면 신작앵곡길 234 ㅣ 063-717-7700 (사)마을통

박한 스릴도 있다.

"전주 서문 밖, 30리를 가면 마을이 하나 나오는데……."

콩쥐팥쥐전 국문본에 실린 첫 구절이다. 조선시대 인문지리서인 신증동국여지승람(성종, 1481년)에 따르면, '장곡역(앵곡역)은 전주부의 서쪽 30리에 있고 고려현종이 이 역에 묵었다.'고 기록되어 있어 앵곡마을이 '콩쥐팥쥐전'의 배경지로 추정된다. 집집마다 담장에 콩쥐팥쥐 이야기를 테마로 한 벽화가 그려져 있는 마을길을 거닐다 보면 마치 동화 속을 여행하는 것 같다. 곳곳에 있는 트릭아트 포토존에서 사진을 찍어보는 것도 재미있다. 콩쥐가 잃어버렸던 꽃신을 직접 만들어 보는 체험도 할 수 있고 마을을 한 바퀴 돌면서 '콩쥐를 도와줘'라는 테마로 인성 체험도 할 수 있다.

1 콩쥐팥쥐 벽화. 콩쥐팥쥐의 마을답게 온 동네 벽마다 콩쥐팥쥐 이야기가 그려져 있어 마치 동화의 나라 같다.
2 앵곡마을 콩쥐팥쥐 벽화길
3 원님이 콩쥐가 잃어버린 신발의 주인을 찾고 있는 장면의 벽화
4 AR로 그림 속에 숨겨져 있는 실물들을 이용해 재미있는 사진을 남길 수 있다.

삼례문화예술촌 전경

화암사 설경

3

사랑하는 그가 있어 더 행복한 여행 코스

아름다운 풍경 속을 걸으며 사랑을 느끼는 여행

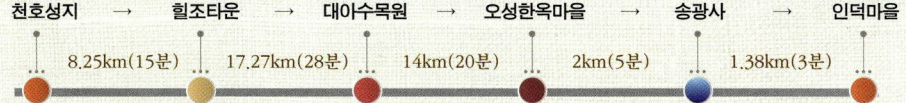

천호성지 → 힐조타운 → 대아수목원 → 오성한옥마을 → 송광사 → 인덕마을

8.25km(15분)   17.27km(28분)   14km(20분)   2km(5분)   1.38km(3분)

[비봉 천호성지] 한국 가톨릭의 대표 성지로, '천호가톨릭성물박물관'을 비롯해 주변 풍경이 아름다워서 사랑하는 사람과 평화로운 여행을 즐기기에 좋은 장소다.
▶ 성인묘역, 편백숲, 로사리오길, 천호가톨릭성물박물관

[비봉 힐조타운] 1만여 평에 펼쳐지는 불빛축제(산속여우빛축제)에서는 예쁜 빛 속에서 연인들이 추억을 만들 수 있다. 또 수소테라피, 족욕, 찜질방, 둘레길 등에서 힐링의 시간을 가질 수 있다.
▶ 불빛축제, 파장수욕, 수소테라피, 화덕구이, 찜질방

[전라북도 대아수목원] 2,683종의 다양한 식물과 희귀 및 특산식물(산림청 지정) 135종류가 있어 사계절 내내 아름다운 수목원이다. 아름답고 신기한 꽃과 나무를 배경으로 한 사진 한 장이 연인들에게 소중한 추억을 만들어 준다.
▶ 5가지 관람 코스, 푸르미쉼터, 산림생태 체험교육

[소양 오성한옥마을] 250년 된 한옥으로 조성된 마을로, 한옥의 아름다움과 예스러움이 주는 고상함을 맛볼 수 있다. 한옥스테이도 가능하고 특히 두베카페는 분위기 있는 곳으로 유명해서 연인들이 즐겨 찾는다.
▶ 두베카페, 아원, 한옥 민박

[소양 송광사] 천 년 전에 지어졌다는 송광사는 한국 사찰의 예스러움을 제대로 감상할 수 있는 곳이다. 특히 송광사로 오르는 봄의 벚꽃길이나 여름에 피는 연꽃은 연인들에게는 빼놓을 수 없는 구경거리다.
▶ 템플스테이로 하는 산사 문화 체험, 아름다운 순례길 체험

[소양 인덕마을] '인정'과 '덕'이 많은 마을인 이곳은 참나물로도 유명해서 참나물을 가지고 피자나 버거를 만들고 맛보는 체험이 있다. 연인과 향긋하고 아삭한 참나물로 만든 피자나 버거를 맛보는 독특한 데이트는 어떨까.
▶ 참나물 피자 · 참나물 수제버거 · 참나물 칼국수 만들기, 숙박 가능

천호성지는 우리나라 천주교 150여 년의 순교 역사를 담고 있는 한국 가톨릭의 성지이다. 경건한 장소이기도 하지만 주변 경치가 아름다운 것으로도 유명하다. 신자들이 가톨릭에 대한 핍박을 피해 깊은 산속으로 들어와서 개간한 곳이어서 자연과 멋진 조화를 이루고 있다. 천호성지에 있는 편백숲, 로사리오길, 로사리오 연못, 실로암 연못, 품안길, 대숲길들을 사랑하는 사람과 걸으면 멋진 풍경에 취해 잡은 손을 더 꼭 쥐게 된다. 성물박물관과 더불어 독특한 역사가 어린 건축물을 보는 것은 뜻밖의 보너스다.

비봉 천호성지 Bibong Cheonho Holy Ground

성스러움 속에서 누리는 평안함과 안식

전라북도 완주군 비봉면 천호성지길 124 | 063-263-1004
천호가톨릭성물박물관 063-262-0801
http://www.cheonhos.org

01

여산성지
성채골
4코스
낙수골
3코스
우월리
되재성당지
미사골
어름골
복분자밭정자
천호산
대치리
화산
박준복공덕비
02
천호 피정의 집
산수골
성인묘역
1코스
시목동
천호공소
토마손쉼터

1 천호성지의 봄. 경치가 매우 아름다운 성지로 꼽힌다.
2 품안길 순례 안내도. 다양한 코스로 즐길 수 있다.

봉실산에 있는 힐조타운에서는 무려 1만여 평의 정원에 '산속여우빛축제'라는 화려한 불빛축제가 펼쳐진다. 다양한 조명시설로 나무와 정원을 꾸며놓아서 신비로운 환상에 젖어들게 해주어 연인들이 낭만 가득한 추억을 만들기에 좋은 장소다. 낮에는 둘레길 산책도 가능해서 연인들이 사랑의 밀어를 나누기에도 좋다. 또 바로 옆에 수소테라피를 할 수 있는 시설이 있어서 힐링 체험도 가능하다.

비봉 힐조타운 Bibong Healjo Town

환상적인 빛의 매력에 빠지다

전라북도 완주군 비봉면 천호로 235-38 | 1899-5852
http://www.healjo.co.kr, http://www.huesikhae.com

1 넓고 아름답게 펼쳐진 1만여 평의 자연정원. 몸과 마음을 편안하게 치유하는 시간을 가질 수 있다.

2 밤에 아름답게 피어나는 산속여우빛축제의 한 장면

3 힐링 족욕을 할 수 있는 공간. 6개의 특수 필터를 통과시켜 만든 파장수를 사용하여 모공 속의 노폐물을 제거한다. 상쾌함만이 아니라 촉촉한 피부결을 느낄 수 있다.

4 특별한 수소테라피룸. 수소와 산소 발생장치를 이용하여 몸속에 있는 활성산소를 제거한다.

전라북도 대아수목원 Jeollabukdo Daea Arboretum

수많은 꽃들과 함께하는 즐거움

전라북도 완주군 동상면 대아수목로 94-34 | 063-243-1951
http://forest.jb.go.kr/daeagarden

사랑하는 연인과 어디를 갈까? 항상 고민되는 문제다. 꽃구경은 어떨까? 차로 대아호를 지나가면 호수 주변의 아름다운 경치에 반하게 되고, 대아수목원에 오면 아름다운 꽃들에 감탄사를 연발하게 된다.

대아수목원은 과거 전국 8대 오지로 불릴 만큼 험한 지역이라서 식물이 잘 보존되어 있다. 따라서 맑은 공기는 물론이고 수많은 꽃들과 다양한 식물들을 만날 수 있다. 사랑하는 연인과 꽃길을 걸으며 사진도 찍고 이야기를 나누다 보면 잊을 수 없는 추억 여행이 될 것이다.

3~4월에는 튤립꽃을, 6~8월에는 백합꽃과 붓꽃류를, 9~11월에는 꽃무릇(석산)과 국화꽃을 한가득 볼 수 있는 곳이다.

1 대아수목원 입구
2 대아수목원의 내부. 아름다운 꽃과 나무들로 동화의 나라를 연상케 한다.
3 수생식물원의 모습. 약 0.15ha 규모의 인공연못을 만들어 버드나무, 왕버들, 연꽃, 꽃창포, 줄 등 14종 4천여 본이 있다.
4 대아수목원에 있는 금낭화 자생군락지
5 열대식물원. 한겨울에도 바나나, 오렌지, 파인애플, 야자수, 선인장 등 400여 종의 식물을 감상할 수 있다.

연인의 손을 잡고 고즈넉하면서도 운치가 있는 분위기를 즐길 수 있는 오성한옥마을. 한옥의 툇마루에 앉아 조용히 주변 경치를 바라보는 것만으로도 마음이 편안해진다. 이곳의 한옥들은 경남 진주에 있던 250년 된 한옥 고택을 옮겨 온 것으로 진짜 한옥의 멋을 감상할 수 있다.

이 마을에는 현대식으로 지은 두베카페가 있어서 이곳에서 맛있는 커피 한 잔을 마시며 한옥을 바라보면 마치 한 폭의 수채화를 보는 것 같아 연인들에게는 좋은 데이트 코스다.

1 오성한옥마을의 한옥 민박. 한옥 스테이도 가능하다.
2 두베카페. 분위기가 좋아서 연인들이 많이 찾는다.

소양 오성한옥마을

Soyang Oseong Hanok Village

한옥의 아름다움에 취할 수 있는 마을

전라북도 완주군 소양면 송광수만로 일원

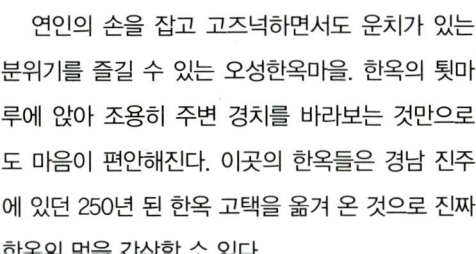

01

02

소양 송광사

Soyang Songgwangsa Temple

연꽃 · 벚꽃길이 아름다운 천년사찰

전라북도 완주군 소양면 송광수만로 255-16 | 063-241-8090
http://songgwangsa.or.kr

버스커버스커가 부르는 '벚꽃엔딩'을 들으며 사랑하는 이의 손을 잡고 달빛 찬란한 밤에 벚꽃길을 걷는다면 연인들에게는 더할 나위 없이 멋진 데이트 코스가 될 것이다. 4월 초 송광사로 오르는 벚꽃길은 그런 낭만을 느끼게 해 준다. 2km나 이어지는 이

길은 40여 년 된 벚꽃나무가 벚꽃터널을 만들어 주어 황홀감을 더해 준다.

그리고 이 길 끝에는 천년사찰 송광사가 있다. 규모는 아담하지만 예스러움이 있는 사찰의 건축물은 연인과 함께 사진을 찍기에 딱 좋은 곳이다. 여름이면 사찰 안에 있는 연못에 우리나라 사찰에서는 제일 큰 규모의 연꽃이 피어 장관을 이룬다. 연꽃의 아름다움은 연인과 함께 보내는 시간을 더욱 만족스럽게 해 준다.

1 송광사 전경. 부처님오신날을 앞두고 행사 준비가 한창이다.
2 겨울에 본 송광사 종루 모습. 이외에도 아담하면서도 보물로 지정된 문화재가 많아 볼거리가 많다.
3 4월 초에 장관을 이루는 벚꽃길. 손에 꼽히는 산책로다.

전라북도 완주군 소양면 인덕길 245-17 | 063-241-7887
http://www.indeokvill.com

소양 인덕마을 Soyang Indeok Village

연인과 향긋하고 아삭한 참나물로 만든 피자와 버거를 맛보는 독특한 데이트

송광사에서 나와 자동차로 불과 3분이면 도착하는 인덕마을은 종남산자락 산골짜기에 자리 잡고 있어서 산세가 무척 아름답고 물이 맑고 깨끗해서 반딧불이 서식할 정도로 자연환경이 잘 보존되어 있다. 인덕마을은 인정과 덕이 많은 사람들이 사는 마을이라고 해서 붙여진 이름으로 주민들은 이 이름에 애착과 자부심을 갖고 있다.

이곳에서 나는 참나물은 완주군의 로컬푸드 직매장에 납품될 정도로 유명하다. 참나물을 이용한 피자나 버거도 유명하니 연인과 함께 꼭 먹어보길 권한다. 특히 피자도우를 밀가루 대신 쫀득한 감자를 쓰는 건강친환경피자라서 더 안심이 된다. 이 외에도 참나물 칼국수, 고구마쿠키 만들기 체험도 할 수 있다.

http://blog.daum.net/chamsaem43/8232209

1 감나무 연리지
2 인덕마을에서 유명한 참나물로 만든 칼국수. 참나물이 유명해서 완주군 로컬푸드 직매장에 납품한다.
3 수제버거를 만들고 있는 모습. 참나물이 재료로 들어간다.
4 숙박할 수 있는 황토방의 모습. 재래식 부엌을 갖추고 있으며 난방은 현대식 보일러로 한다.

모악산도립공원

대둔산도립공원

3

사랑하는 그가 있어 더 행복한 여행 코스

완주 문화를 함께 즐기는 데이트 코스

삼례문화예술촌 → 세계막사발박물관 → 삼례책마을 → 비비낙안 → 비비정예술열차

312m(1분)   146m(1분)   1.36km(5분)   1.42km(5분)

[삼례문화예술촌] 연인과 함께 미술과 책을 관람하는 고상한 데이트 코스다. 일제 강점기의 양곡창고가 옛 모습 그대로 전시 공간으로 탈바꿈한 삼례문화예술촌에 오면 과거로 돌아간 느낌을 받는다.
▶ 책 관련 가구 제작 체험(김상림 목공소), 체험 북 만들기, 문화카페

[삼례 세계막사발박물관] 우리에게 친근한 막사발. 전 세계의 막사발이 전시된 공간으로 도예도 할 수 있어서 연인들이 영화 '사랑과 영혼'에 나오는 장면을 연상하게 된다.
▶ 전시품 감상, 도예 만들기

[삼례책마을] 고서와 헌책과 절판 도서 10만 권이 전시되어 있는 곳으로 예전의 서적 문화를 한눈에 볼 수 있는 데이트 코스다.
▶ 전시품 감상, 벼룩시장, 북페스티벌, 북페어

[삼례 비비낙안] 완주 9경 중 하나를 볼 수 있는 카페. 호남평야가 내려다보이는 매우 아름다운 전경이 펼쳐지는 곳이다.

[삼례 비비정예술열차] 만경강 철교 위에서 운영되고 있는 비비정예술열차. 열차 안에 있는 카페나 식당에서 낙조에 물든 강과 평야를 바라보는 순간, 최고의 안락함과 평화로움을 느낄 수 있다.

삼례문화예술촌

Samnye Culture Art Village

고택 복합문화 예술 공간에서 이야기를 나누다

전라북도 완주군 삼례읍 삼례역로 81-13 | 070-8915-8121~32
http://www.srartvill.kr

　　예술촌이라는 이름답게 이곳에서는 독특한 회화와 미디어 작품, 멋진 디자인 작품을 볼 수 있어 구경하는 재미가 쏠쏠하다. 또 책을 꽂아두는 다양한 가구들이 전시되어 있고, 책 관련 가구도 함께 만들어 볼 수 있다. 이 외에도 각종 책 제본 및 인쇄 재현, 책 만들기 등의 '책공방 북아트센터' 공간이 있어서 함께 책을 만들어 볼 수 있다. 또 책 박물관에서는 우리나라 책 100년의 역사를 한눈에 볼 수 있다. 관람을 마치고 카페에서 차 한 잔으로 예술인이 된 것 같은 느낌을 가져보는 것도 재미있다.

1 VM아트갤러리. 회화 작품과 미디어 작품들이 전시되어 있다.
2 삼례문화예술촌의 전경
3 디자인뮤지엄. 각종 디자인 작품들을 볼 수 있다.
4 책공방 북아트센터의 모습. 자기만의 책을 만들 수 있다.

전라북도 완주군 삼례읍 삼례역로 85 | 063-290-2162

삼례 세계막사발박물관

Samnye Museum of the World Makssabal

우리의 생활도구 막사발의 아름다움을 보다

도자기는 우리와 매우 가까운 물건이다. 기왕이면 예쁜 그릇을 찾다 보니 더욱 아름다운 도자기들이 탄생했지만, 사실 '막' 만들어서 '막사발'인 밥그릇, 국그릇, 막걸리 사발은 우리들의 생활이 묻어 있는 물건이어서 더 아름답다. 일본인들은 이 가치를 발견하고 막사발을 보물로 여겼던 것이다. 전시된 막사발과 관중 사이에 이질감이나 거리감은 없다. 폐역이었던 삼례역사를 이용해 전시 공간을 만

들고 그곳에 다양한 막사발을 전시해 역사적인 의미도 담고 있다. 도예를 비롯한 전통문화 체험도 할 수 있어서 연인들이 체험하면서 영화 '사랑과 영혼'의 주인공이 되어 볼 수 있다.

1 막사발박물관의 외관
2 막사발박물관에 전시된 작품들
3 도예 만들기 체험실

삼례책마을 Samnye Book City

고서와 헌책들과의 특별한 만남

전라북도 완주군 삼례읍 삼례역로 68 | 063-291-7820

http://www.koreabookcity.com

일제강점기의 양곡 창고가 전시관으로 바뀐 것이라 전시관 자체가 볼거리이며, 고서들과 절판된 도서를 볼 수 있고 북페어 등 다양한 책 관련 문화를 즐길 수 있는 곳, 바로 삼례책마을이다. 2016년 문을 연 이래 많은 관람객들이 찾았다. 이곳은 북하우스, 한국학문헌아카이브, 북갤러리, 책마을센터로 이뤄져 있으며, 10만여 권의 절판 도서와 전시품도 감상할 수 있다. 또 북카페에서 책의 향기를 맡으며 커피 한 잔으로 연인들이 데이트를 즐길 수 있다.

1 책 전시관
2 북카페 전경. 간단한 차와 음료를 판매하여 편안하게 독서하거나 휴식할 수 있는 공간이다.

삼례 비비낙안 Samnye Bibinakan

커피 한 잔으로 만나는 절경

전라북도 완주군 삼례읍 비비정길 26 | 063-291-8608

비비낙안은 비비정에서 한내천 백사장에 내려앉은 기러기 떼를 바라본 모습을 말하는데, 이 때문에 완주 9경 중 하나인 비비정 옆에 있는 카페의 이름을 '비비낙안'이라고 지었다.

해질녘 비비낙안에서 바라보는 풍경은 가히 완주의 9경이라 할 만하며, '비비정 농가레스토랑'이 근접해 있어, 식사 후 이곳에 들르면 아름다운 경치를 보며 차 한 잔의 여유를 가질 수 있다.

또 비비정에서 해질녘 낙조를 배경으로 한 철교와 만경강이 어우러지는 경관은 사진 찍기에 좋아 멋진 추억을 남기고 싶으면 그냥 지나칠 수 없는 곳이다.

1 비비낙안 카페의 드론 사진 모습. 카페에서는 탁 트인 전망이 아름답다.
2 비비낙안 근처에 있는 비비정예술열차 전경
3 근처 비비정 농가레스토랑에서 제공하는 로컬푸드, 건강밥상을 맛볼 수 있다.

01

삼례 비비정예술열차

Samnye Bibijeong Art Train

철교 위에서 만경강을 바라볼 수 있는 문화예술열차

전라북도 완주군 삼례읍 비비정길 73-21 | 063-211-7788

02

03

　　만경강 철교 위에서 운영되고 있는 비비정예술열차는 비록 움직이지는 않지만, 열차 안에 있는 카페나 식당에서 낙조에 물든 강과 평야를 바라보는 순간, 최고의 낭만을 만끽할 수 있다. 레스토랑, 갤러리, 카페, 완주특산품 매장, 이벤트 테라스, 결혼식장 등이 마련되어 있고, 전망 좋은 곳에서의 식사를 원하는 데이트 족에게는 안성맞춤이다.

1 비비정예술열차의 모습
2 멀리서 바라본 비비정예술열차의 모습. 다리 위에 예쁘게 꾸며져 있다.
3 열차 안의 모습. 레스토랑, 카페 등이 있다.
4 레스토랑에서 제공하는 메뉴 중 하나

04

삼례하리 벚꽃길

비비정 농가레스토랑

4

부부의 사랑이 깊어지는 여행 코스

부부가 손잡고 색다른 완주 문화 즐기기

요동마을 → 화암사 → 고산미소시장 → 삼례문화예술촌 → 전북도립미술관 → 안덕마을

1.95km(4분)　14.34km(23분)　16.62km(25분)　25.89km(26분)　12.42km(16분)

[경천 요동마을] 짚신을 바꿔 신는 곳 싱그랭이 마을이다. 화암사에 오르기 전 이 지역에서 나는 콩으로 만든 두부를 먹는 것이 필수 코스다.
▶ 두부 만들기, 농산물 수확 체험, 숙박 가능

[경천 화암사] 부부로 만나 함께 나이 들어가며 인생의 깊은 맛을 알게 된다. 화암사도 세월의 연륜이 더해갈수록 나이 듦이 얼마나 멋스러운 것인지를 깨닫게 해준다.

[고산미소시장] 고산미소시장에서는 완주라는 고향의 냄새를 맡을 수 있다. 간단한 농산물 쇼핑과 맛있는 식사도 즐길 수 있다. 수제비누나 짚신 꼬기 등을 체험해 보는 재미도 있다.
▶ 다기와 찻상 등 목공제품·수제비누·나무잠자리 만들기, 김치 담그기, 짚신 꼬기

[삼례문화예술촌] 이곳에서는 미술 작품, 디자인 작품, 책 관련 가구 등을 관람할 수 있다. 일제 강점기에 지은 건물의 독특한 양식을 보며 아스라한 옛 분위기도 느껴볼 수 있다.
▶ 책 관련 가구 제작 체험(김상림 목공소), 책 만들기 체험, 문화카페

[전북도립미술관] 현대 미술을 감상할 수 있는 곳이다. 도슨트의 설명에 따라 미술을 이해하며 멋진 데이트를 즐길 수 있다.

[구이 안덕마을] 쉼을 얻을 수 있는 건강 여행 코스다. 부부가 이곳에서 유명한 황토한증막에서 몸을 풀면 최상의 웰빙 코스가 된다. 숙박시설도 잘 되어 있어서 시골의 좋은 공기 속에서 하룻밤을 지내는 재미도 있다.
▶ 황토한증막, 쑥뜸, 농작물 수확 체험, 매듭팔찌 만들기, 두부 만들기, 인절미 만들기, 손수건 천연염색

'요동'의 원래 이름은 '싱그랭이'다. '싱그랭이'란 신을 바꿔 신는 곳이라는 뜻으로 이곳에서 짚신을 갈아 신거나 수선을 했다고 한다. 이 마을 입구에 '싱그랭이 느티나무'와 시무나무가 그 근거이다. 한양 가는 길 20리마다 심겨 있어 이정표가 되었던 '시무나무'는 자생이 어려운 나무지만 이 마을에서는 자생하고 있고, 전라북도에서 가장 오래된 시무나무도 이곳에 있다.

요동마을에서 화암사로 올라가기 전에는 두부

만드는 체험도 하고 두부 요리로 한 끼 식사를 하는 것이 필수 코스로 여겨진다. 요동마을에서 나는 콩으로 만든 두부 요리는 고소하고 부드러운 맛이 일품이다. 이 외에도 콩 등의 농산물 수확 체험과 숙박도 가능하다.

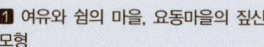

1 여유와 쉼의 마을, 요동마을의 짚신 모형
2 경천 요동마을 입구. 커다란 느티나무가 이 마을의 역사를 대신 말해 준다.
3 요동마을에서 묵을 수 있는 숙박시설

전라북도 완주군 경천면 화암사길 271 | 063-261-7576

산속에 수줍은 듯 숨겨져 있던 뜻밖의 보물

경천 화암사 Gyeongcheon Hwaamsa Temple

백제의 흔적이 남아 있는 사찰, 화암사는 보는 순간 곧바로 '고색창연'이라는 단어를 떠올리게 된다. 낡았지만 그래서 더 아름답기 때문이다. 안도현 시인은 이곳을 '잘 늙은 절 한 채'라고 표현했다. 부부가 힘겹게 불명산에 올라 이 화암사를 보는 순간, 긴 세월을 고스란히 간직한 역사의 현장에 들어와 있는 느낌을 받는다. 나이 들어 갈수록 나이든 화암사에 깊은 정을 느끼게 된다.

이곳에서 눈여겨보아야 할 건물은 극락전이다. 처마를 받치기 위해 나무를 하나 더 댄 양식으로 지어졌는데 백제 시대 양식이라고 한다. 일본의 하앙식 건축물들이 중국이 아니라 백제를 거쳐 갔다는 근거임을 말해준다. 이런 양식의 건물로는 극락전이 유일해서 국보로 지정되었다.

1 고요한 화암사 경내
2 불명산 위에서 본 사찰의 겨울. 규모가 작고 아담하다.

전라북도 완주군 고산면 남봉로 134 | 063-262-0119

고산미소시장 Gosan Miso Market

부부가 손잡고 고향 냄새 나는 테마 장터로

① 고산미소시장 입구
② 고산미소시장을 방문한 이들이 이벤트 행사를 지켜 보고 있는 모습

고산미소시장에서는 시골장터의 냄새를 맡으면서 장을 보는 재미를 누릴 수 있다. 시골장터에서는 뭐니 뭐니 해도 구수한 옛 음식이 으뜸이다. 시골에서 나오는 농산물과 야채 등을 둘러보고 옛날 음식도 즐겨보자.

또 한쪽에서는 다기와 찻상, 목공제품을 다루는 창작공방부터 수제비누, 나무잠자리 만들기, 김치 담그기, 짚신 꼬기 등을 할 수 있다.

전라북도 완주군 삼례읍 삼례역로 81-13 | 070-8915-8121~32
http://www.srartvil.kr

삼례문화예술촌 Samnye Culture Art Village

예술 이야기가 꽃피는 곳

이곳에는 현대 예술작품, 특히 책 관련 가구가 전시되어 있어 실생활에 도움이 된다. 부부가 함께 가구를 만들어 보는 체험도 재미있다. 책 박물관에는 100년 된 우리나라 책들이 있어서 함께 추억을 나누기에도 좋다. 문화카페에서는 차 한 잔을 마시면서 그동안 미뤄두었던 부부간의 이야기를 나누는 것도 좋을 것이다.

1 디자인뮤지엄. 각종 디자인 작품들을 볼 수 있다.
2 삼례문화예술촌 내의 문화카페 외관
3 옛 모습이 물씬 풍기는 삼례문화예술촌의 전경
4 5 VM아트갤러리. 회화 작품과 미디어 작품들이 전시되어 있다.

미술을 잘 모른다면 미술관 측에서 준비해 둔 도슨트를 신청해 이용하면 된다. 미술은 어려워 보이지만, 잘 이해하면 이것보다 더한 재미가 없다. 부부가 함께 미술관에서 이야기를 듣고 미술을 중심으로 서로 공감대를 형성한다면 좋은 데이트 코스가 될 수 있다.

전북도립미술관은 2004년에 개관한 전북의 대표적인 미술관으로 상시적으로 전시되는 작품만이 아니라 기획전을 통한 특별 전시도 관람할 수 있다.

1 ~ **3** 전북도립미술관 전경

구이 안덕마을

Gui Andeok Village

한옥황토방과 로컬푸드로 즐기는 건강웰빙 코스

전라북도 완주군 구이면 정자길 72 | 063-227-1000
http://www.poweranduk.com

즐거운 체험과 식사, 숙박까지 한 곳에서 가능해 편안한 부부여행에는 필수적인 코스다. 안덕마을은 황토한증막으로 유명하다. 전통 구들방식의 한증막으로 한약재가 섞인 황토가 있어 몸의 노폐물이 잘 배출된다. 황토한증막에서 찜질을 마친 후에는 체험 코스로서 부부가 인절미나 두부 혹은 팥찌 등을 같이 만들면서 손발을 맞춰보는 재미도 있다.

숙박이 가능하므로 풀벌레 소리를 듣고 쏟아지는 별을 보며 하룻밤 머무는 것도 잊지 못할 추억이 될 것이다.

1 구이 안덕마을 전경. 한옥마을이 많아 정겹고 따뜻한 느낌이 드는 마을이다.
2 안덕마을이 자랑하는 황토한증막. 여행의 피로를 풀 수 있다.
3 숙소. 개인과 단체별로 다양한 숙박시설이 구비되어 있다.
4 옛 금광굴. 한증막과 연결되며 금광 안에는 작은 휴식공간과 냉탕을 즐길 수 있는 공간이 있다.

4

부부의 사랑이 깊어지는 여행 코스

휴식과 웰빙에 좋은 여행 코스

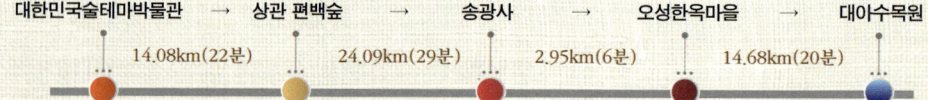

대한민국술테마박물관 → 상관 편백숲 → 송광사 → 오성한옥마을 → 대아수목원

14.08km(22분) 24.09km(29분) 2.95km(6분) 14.68km(20분)

[대한민국술테마박물관] 부부가 술 한 잔을 두고 이야기를 나누는 것도 좋다. 술테마박물관에는 한국 전통주가 전시되어 있고, 와인과 맥주, 전통주 빚기 체험도 할 수 있다.
▶ 발효 체험, 발효빵 · 쿠키 · 맥주 · 칵테일 만들기, 전통주 빚기

[상관 편백숲] 무려 10만 그루의 편백이 심어져 있어서 그 사이를 걷는 것만으로도 웰빙이 된다. 묵혀 두었던 이야기를 나누며 천천히 산책하면 부부 사이가 더 가까워질 수 있다.
▶ 족욕을 할 수 있는 유황편백탕

[소양 송광사] 국내 여행에서는 사찰 여행을 빼놓을 수 없다. 그곳에 역사와 문화가 응축되어 있기 때문이다. 신라 때 건축되었다는 천년사찰 송광사를 만난다.
▶ 템플스테이로 산사 문화 체험, 아름다운 순례길 체험

[소양 오성한옥마을] 250년 된 한옥이 있는 마을. 우리 선조들의 삶의 지혜와 아름다움이 담긴 한옥과 한옥을 배경으로 한 주변 풍경에 절로 편안함을 느낀다.
▶ 두베카페, 아원, 한옥 민박

[전라북도 대아수목원] 꽃들이 만개한 지상 낙원. 오지에 피어난 식물들을 관리하고 희귀한 식물들이 많은 수목원으로, 사계절 내내 아름답다.
▶ 5가지 관람 코스, 푸르미쉼터, 산림생태 체험교육

부부가 같이 술 한 잔을 마시며 오순도순 이야기하는 것은 좋은 관계를 이어가는 데 도움이 된다. 술테마박물관에는 세계적인 명주와도 비견될 만한 한국 전통주가 전시되어 있어 전통주를 사서 한 잔 곁들이는 것도 여행의 재미다. 특히 이곳에서는 와인과 맥주, 전통주 빚기 체험도 할 수 있다.

또 우리나라 전통주 제조 과정도 볼 수 있고, 어렵게 살 때 막걸리 한 잔으로 시름을 잊던 예전 시절을 재현해 놓은 재현관도 있다.

대한민국술테마박물관 Theme Museum of Korean Liquor

술로 신조들의 해학과 지혜를 배운다

전라북도 완주군 구이면 덕천전완길 232-58 | 063-290-3842
http://sulmuseum.kr

1 술을 제조하는 방식을 그대로 재현해 놓았다.
2 박물관 전경. 2015년에 개관했다.
3 다양한 술이 전시된 박물관 내부를 둘러보는 관광객들
4 누룩으로 피자를 만드는 독특한 먹거리 체험

전라북도 완주군 상관면 죽림리 산214-1

상관 편백숲

편백이 주는 피톤치드로 힐링

Sanggwan Hinoki Cypress

상관 편백숲은 86만㎡ 땅에 10만 그루의 편백을 심어 완주 주민만이 아니라, 이곳을 찾는 사람들의 사랑을 받는 편백숲이 되었다. 부부가 함께 여행하면서 공기 좋은 곳을 산책하는 것도 행복한 체험이 될 것이다. 편백의 피톤치드는 천연 항균물질이 함유되어 있어 살균작용이 뛰어나다. 더구나 나무가 촘촘하고 숲이 아름다워서 보는 것만으로도 힐링이 된다.

숲에 오르면 길이 둘로 갈라지는데 족욕을 할 수 있는 유황편백탕을 지나 통문으로 가는 길과 편백숲 오솔길을 옆에 두고 걷는 길이다.

1 상관 편백숲의 산책로. 숲길을 따라가면 조용하고 시원하다.
2 치유의 숲 이정표. 편백숲의 피톤치드가 건강한 힐링을 선사한다.

소양 송광사
Soyang Songgwangsa Temple

연꽃·벚꽃길이 아름다운 천년사찰

전라북도 완주군 소양면 송광수만로 255-16 | 063-241-8090
http://songgwangsa.or.kr

사찰 여행에서는 우리나라의 역사와 문화를 배울 수 있다. 특히 약 2km에 이르는 벚꽃나무 길을 걸으며 함께 송광사를 가는 코스는 부부들에게는 최고의 여행지로 꼽을 수 있다. 송광사는 아기자기하면서도 볼거리가 많다. 입구에서 대웅전까지 건물이 일자로 서 있는 점도 독특하고, 대웅전의 불상도 삼불이다. 이 불상은 나라가 어려울 때마다 땀을 흘린다고 하는 독특한 불상이니 잘 살펴보자.

1 겨울에 본 송광사의 전경. 아담하면서도 주변의 경치가 아름답고, 보물로 지정된 문화재가 많아 볼거리가 많다.
2 템플스테이의 모습
3 4월 초에 장관을 이루는 벚꽃길. 손에 꼽히는 산책로다.
4 송광사 5층 석탑

소양 오성한옥마을

한옥의 아름다움에 취하는 마을

Soyang Oseong Hanok Village

오성한옥마을에는 소양고택, 아원고택 그리고 두베카페가 정겨운 모습으로 모여 있다. 담벼락도 옛날 모습 그대로 큰 돌로 쌓아 놓아, 예쁜 담장을 배경으로 사진을 찍으면 꽤 멋있게 나온다.

경남 진주에 있던 250년 된 한옥을 옮겨와 우리나라 전통 한옥의 모습을 고스란히 보여 준다. 돌 하나 기둥 하나가 갈라지고 이끼가 들러붙어 세월의 깊이가 느껴진다. 부부가 같이 툇마루에 앉아 해지는 종남산을 바라보면 행복한 기운을 얻을 수 있다.

1 고택의 입구. 전통 대문이 정겹다.
2 한옥마을의 고택. 멋진 한옥이 반갑게 맞이한다.

꽃들의 잔치가 펼쳐지는 곳. 국내 최대 금낭화 자생군락지이며, 수많은 꽃들과 식물들이 자생적으로 생겨난 수목원이다. 총 2,683종의 보존종과 산림청이 지정한 희귀 및 특산식물도 135종에 이를 정도로 아름다운 수목원이다.

3~4월에는 튤립꽃, 6~8월에는 백합꽃과 붓

전라북도 대아수목원
Jeollabukdo Daea Arboretum

수많은 꽃들과 함께하는 즐거움

전라북도 완주군 동상면 대아수목로 94-34 | 063-243-1951
http://forest.jb.go.kr/daeagarden

꽃류, 9~11월에는 꽃무릇(석산)과 국화꽃이 만발해 사진찍기에 최적이다. 또 이곳에는 파고라, 그네, 조각물 등 조형물들이 한데 어우러져 있어 휴식할 수 있는 공간으로 널리 이용된다. 또 근처 대아호는 드라이브 코스로 최고이다.

1 아름다운 대아수목원 입구
2 약 7ha에 걸쳐 전국 최대 규모를 자랑하는 금낭화 자생군락지가 있는 수목원
3 근처에 있는 대아호수, 수목원 관람을 끝내고 대아저수지를 보면 가슴이 시원해진다.

5

젊은이들을 위한 신 나는 여행 코스

젊음의 열정과 호기심을 충족시켜 주는 코스

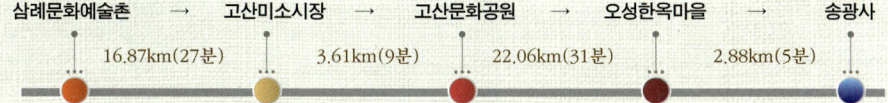

삼례문화예술촌 → 고산미소시장 → 고산문화공원 → 오성한옥마을 → 송광사
　　16.87km(27분)　　　3.61km(9분)　　　22.06km(31분)　　　2.88km(5분)

[삼례문화예술촌] 일제 강점기 수탈의 상징이었던 삼례양곡창고가 전시공간으로 탈바꿈해서 젊은이들에게 역사의식을 심어준다. 이 창고에서는 회화와 디자인 작품, 책 관련 가구 등의 미술 작품을 볼 수 있다.

[고산미소시장] 젊은이들에게 시골 장터를 보여 줄 수 있는 곳이다. 예전 장터의 모습을 보며 아기자기한 재미도 느끼고 맛있는 식사도 할 수 있다.
▶ 다기와 찻상 등 목공제품 · 수제비누 · 나무잠자리 만들기, 김치 담그기, 짚신 꼬기

[고산문화공원] 서바이벌 게임을 할 수 있는 밀리터리파크, 우리나라 최대 무궁화테마식물원, 별을 관찰할 수 있는 무궁화천문대, 수생생물체험과학관과 투어바이크. 또 와일드푸드축제와 무궁화축제 등 젊음의 열정을 발산할 수 있는 곳이다.
▶ 서바이벌 게임, 투어바이크, 와일드푸드축제, 별자리 관측

[소양 오성한옥마을] 젊은이들도 이곳에 있는 한옥을 보면 감탄한다. 한옥이 불편한 것이 아니라 아름답고 아기자기한 맛이 있다는 것을 느낄 수 있기 때문이다. 두베카페는 젊은 연인들이 즐겨 찾는 곳이다.
▶ 두베카페, 아원, 한옥 민박

[소양 송광사] 오성한옥마을에서 차로 5분 거리에 있는 송광사에 오르면 아기자기하면서도 예쁜 모습의 사찰을 보게 된다. 젊은이들에게 역사의식을 심어 줄 수 있는 곳이다.
▶ 템플스테이로 하는 산사 문화 체험, 아름다운 순례길 체험

삼례문화예술촌 Samnye Culture Art Village

역사와 문화를 알아가는 유익한 여행지

전라북도 완주군 삼례읍 삼례역로 81-13 | 070-8915-8121~32
http://www.srartvil.kr

삼례문화예술촌에 들어서면 일제 강점기에 지어진 건물들이 그대로 보존되어 있어 젊은이들에게는 이채롭게 보일 수밖에 없다. 우리나라 곡창지대에서 난 곡물을 그대로 수탈해 갔던 시대의 아픔이 남아 있어서 우리네 역사를 되짚어 보게 한다. 지금은 미술과 디자인 전시관으로 활용되고 있다.

1 책공방 북아트센터. 책의 제본, 인쇄가 재현된다. 나만의 책을 만들 수 있다.
2 역사적 의미가 깊은 삼례문화예술촌
3 삼례문화예술촌 문화카페 외관. 이곳은 방문객들의 휴식 공간이며, 기획공연이 열리기도 한다.

고산미소시장
Gosan Miso Market

고향의 정겨움이 느껴지는 테마 장터에서 맛있는 한 끼 식사를

전라북도 완주군 고산면 남봉로 134 | 063-262-0119

삼례에서 30분간 달려가면 5일장이 열리는 문화관광형 테마 장터인 고산미소시장을 만날 수 있다. 젊은이들의 눈에는 시골장터의 모습이 매우 낯설 테지만 이곳에서 농산물 거래 장면도 보고, 옛 음식도 먹어보는 재미를 맛볼 수 있다.

다기와 찻상, 목공제품을 다루는 창작공방부터 수제비누, 나무잠자리 만들기, 김치 담그기, 짚신 꼬기 등의 체험도 가능하다.

1 고산미소시장에서 장을 보는 모습
2 휴식 공간과 아이들 놀이터까지 있는 고산미소시장
3 고산미소한우식당. 정육점에서 고기를 구매한 후 2층 식당에서 상차림으로 먹을 수 있다.

고산문화공원

Gosan Culture Park

짜릿한 즐거움을 주는 젊은이들의 공원

전라북도 완주군 고산면 고산휴양림로 89 | 063-290-2762

http:// camp.wanju.go.kr

고산미소시장에서 한 끼를 해결하면 그 다음 코스인 고산문화공원에서는 즐거운 체험이 기다리고 있다. 가장 먼저 서바이벌 게임 경기장인 밀리터리 파크에서는 BB탄 총알을 사용하여 실제 타격감과 사격감을 생생하게 느끼며 신 나게 놀 수 있다. 약 1시간에 걸쳐 컴퓨터 게임에서나 하는 서바이벌 게

임을 직접 체험하면 시간 가는 줄도 모른다. 이 외에도 무궁화테마식물원과 만경강수생생물체험과학관, 무궁화천문대 등을 관람할 수 있다. 9월이 되면 젊은이들이 즐거워하는 와일드푸드축제가 열린다.

1 투어바이크. 공원을 돌아다니며 음료를 즐길 수 있다.
2 밀리터리파크 게임장. 첨단 컴퓨터 제어 및 채점 시스템이 도입되어 있다.
3 4 고산문화공원에서 9월에 열리는 와일드푸드축제. 물고기도 잡고, 다양한 음식을 즐길 수 있다.

아파트에 사는 것이 익숙한 젊은이들에게는 한옥이 낯설고 불편할 수 있다. 그러나 한옥은 친환경 가옥이며, 자연과 어울려 아름다운 자태를 지니고 있을 뿐만 아니라 실제로 매우 과학적인 집이다. 오성한옥마을에서는 그런 한옥의 모습을 그대로 보여 준다. 아무리 편안함에 익숙한 젊은이들이라도 250년 된 한옥 고택을 보는 순간, 그 매력에 빠질 수밖에 없다.

이곳에 있는 두베카페는 현대식으로 지어졌지만 한옥과 잘 어울려서 더 유명하다.

1 오성한옥마을의 고택. 한옥이 주는 예스러움이 흠씬 묻어 나온다.
2 오성한옥마을의 한옥 민박집. 한옥 스테이도 가능하다.
3 한옥마을의 전경. 고즈넉한 분위기를 좋아하는 이들에게 안성맞춤이다.
4 두베카페. 분위기가 좋아서 젊은이들이 많이 찾는다.

소양 송광사

Soyang Songgwangsa Temple

구석구석이 아름다운 천년사찰

전라북도 완주군 소양면 송광수만로 255-16 | 063-243-8090
http://songgwangsa.or.kr

송광사에 가면 누구나 예스러운 사찰의 모습과 울긋불긋한 단청에 매료된다. 송광사의 모습은 연신 핸드폰 카메라를 누르고 싶을 만큼 구석구석이 아름답다. 그리고 나라가 어려울 때마다 땀을 흘린다는 대웅전의 삼불상은 호기심을 자극한다. 이 대웅전은 보물로 등록되어 있다.

특히 4월 초면 송광사 가는 길은 약 2km 구간에 벚꽃터널이 만들어져 젊은이들의 봄나들이 코스로 사랑받고 있다. 또 여름에는 드넓은 연꽃 향연이 펼쳐져 감탄을 자아낸다.

1 4월 초에 장관을 이루는 벚꽃길. 손에 꼽히는 산책로다.
2 송광사 대웅전. 아담하면서도 주변 경치가 좋고, 보물로 지정된 문화재가 많다.
3 송광사 겨울. 한 폭의 그림같이 아름답다.
4 송광사 5층 석탑

5

젊은이들을 위한 신 나는 여행 코스

맑고 투명한 자연 속에서 즐기는 젊음

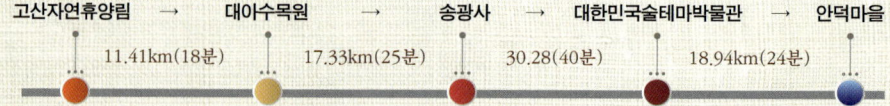

고산자연휴양림 → 대아수목원 → 송광사 → 대한민국술테마박물관 → 안덕마을

11.41km(18분) 17.33km(25분) 30.28(40분) 18.94km(24분)

[고산자연휴양림] 기암절벽이 많고 맑은 물이 흐르는 곳으로 마치 탐험가의 마음처럼 보기만 해도 가슴이 뛰는 레저휴양지다. 에코어드벤처로 산속에서 모험을 즐길 수 있다.
▶ 물놀이, 에코어드벤처, 숲속의 집과 캐러밴 숙박시설

[전라북도 대아수목원] 꽃들의 낙원. 다양한 식물과 희귀 및 특산식물이 풍성한 수목원이다. 사계절마다 다른 꽃들이 수목원을 수놓는다.
▶ 5가지 관람 코스, 푸르미쉼터, 산림생태 체험교육

[소양 송광사] 많은 문화재를 갖고 있는 송광사는 자체 풍경으로도 매우 아름답다. 천 년 역사를 지닌 사찰에서 역사를 배우는 즐거움을 가져보자.
▶ 템플스테이로 산사 문화 체험, 아름다운 순례길 체험

[대한민국술테마박물관] 한국 전통주가 다 모여 있는 박물관을 관람시켜서 젊은이들에게 기품 있는 한국 전통 술 문화를 가르쳐 줄 수 있다.
▶ 발효 체험, 발효빵 · 쿠키 · 맥주 · 칵테일 만들기, 전통주 빚기

[구이 안덕마을] 황토한증막에서 쉼을 얻고, 어드벤처 코스, 옛 금광굴 체험과 농촌 체험 등을 할 수 있다. 또 주변 경관이 아름다워 자연이 주는 힐링을 경험할 수 있다. 또 웰빙 식당과 숙박시설도 있어 마음 편히 먹고 자고 놀 수 있는 마을이다.
▶ 황토한증막, 쑥뜸, 농작물 수확 체험, 매듭팔찌 만들기, 두부 만들기, 인절미 만들기, 손수건 천연염색

고산자연휴양림

Gosan Natural Recreation Forest

젊은이들에게 최적의 사계절 휴양지

전라북도 완주군 고산면 고산휴양림로 246 | 063-263-8680

http://rest.wanju.go.kr

기암절벽이 어우러진 깊은 계곡 속에서 4계절 휴식과 놀이가 가능한 젊음의 레저휴양지다. 여름에는 물썰매장을 비롯하여 4계절 내내 놀이가 가능하고, 멋진 자연이 어우러져 단체 활동하기에도 좋다. 나무와 나무 사이에 와이어와 로프를 매달아 그 위로 다니는 에코어드벤저 시설노 있어 사언 쏙에서 모험을 즐기려는 젊은이들의 취향을 저격한다. 또한 숙박시설도 잘 갖춰져 있어서 단체 참여도 가능하다.

1 고산자연휴양림의 신록
2 휴양림에 조성된 에코어드벤처를 즐기는 모습. 다양한 테마로 모험심을 충족시켜 준다.
3 숙박시설. 맑은 공기 속에서 숙박할 수 있다. 이 외에도 캐러밴 숙박, 야영장 숙박도 가능하다.

너무나 아름다운 대아수목원, 독특한 식재종 및 원예종과 함께 희귀식물도 많아 눈에 보이는 나무와 꽃마다 신기한 자연의 손길에 놀라움을 금치 못한다.

또 수목원은 3~4월에는 튤립꽃, 6~8월에는 백합꽃과 붓꽃류, 9~11월에는 꽃무릇(석산)과 국화꽃이 만발해 꽃나라에 온 느낌이 든다. 수목원 곳곳에 여러 조각물 등 조형물들이 한데 어우러져 있어 바라보는 것만으로도 행복해진다. 청년들이 단체로 이용할 수 있는 5가지 관람 코스가 있어서 체력과 상황에 따라 수목원의 곳곳을 탐험해 보고 서로 경험한 것을 나눠보는 것도 좋은 관람 방법이다.

1 대아수목원의 전경. 저절로 자연에 빠져든다.
2 대아수목원의 봄을 알리는 수생식물원의 모습
3 대아수목원 내부 조형물

전라북도 대아수목원 Jeollabukdo Daea Arboretum

수많은 꽃들과 함께하는 즐거움

전라북도 완주군 동상면 대아수목로 94-34 | 063-243-1951
http://forest.jb.go.kr/daeagarden

01

소양 송광사 Soyang Songgwangsa Temple

세월의 깊이를 담고 있는 천년사찰

전라북도 완주군 소양면 송광수만로 255-16 | 063-241-8090

http://songgwangsa.or.kr

송광사에는 볼 게 많다. 보물로 등록되어 있는 문화재가 4점으로 대웅전, 대웅전 내 소조석가여래 삼불좌상 및 복장 유물, 종루, 사천왕상이 그것이다. 대웅전에 있는 삼불상은 나라가 어려울 때마다 땀을 흘린다는 말이 전해진다. 십자형으로 지어진 종루와 사납게 생긴 사천왕상은 송광사만이 가지고 있는 독특한 양식이다.

이 유물들을 유심히 보면서 관람하는 것만으로도 우리나라 건축 양식에 대한 견문을 넓히고 우리 문화에 대한 이해를 넓힐 수 있다.

1 송광사 대웅전. 아담하면서 주변 경치가 좋고, 보물로 지정된 문화재가 많다.
2 송광사 겨울. 보이는 건물이 보물 제1244호로 지정된 종루. 십자형으로 지어진 점이 독특하다.
3 송광사 연못에 핀 연꽃. 여름이면 활짝 펴 장관을 이룬다. 우리나라 사찰에서는 가장 큰 규모다.
4 4월 초에 장관을 이루는 벚꽃길. 손에 꼽히는 산책로다.
5 축일의 송광사 모습. 밤이 되면 빛과 함께 또 다른 멋을 보여 준다.

대한민국술테마박물관
Theme Museum of Korean Liquor

풍류와 해학이 가득한 우리 술 문화를 배우는 공간

전라북도 완주군 구이면 덕천전원길 232-58 | 063-290-3842
http://sulmuseum.kr

대한민국 전통주 5만여 점이 전시되어 있는 박물관이다. 아주 예전부터 술이 어떻게 만들어졌는지, 우리나라 전통주가 얼마나 뛰어난지 알 수 있어서 자부심을 심어주는 공간이다. 쿠킹 교실과 전통주 빚기 체험과 같은 교육 체험 프로그램으로 우리 술을 배울 기회도 제공한다. 그리고 젊은이들이 좋아하는 와인과 맥주, 전통주 등의 술을 빚어볼 수 있다.

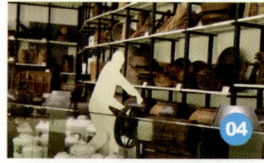

1 박물관의 전경
2 전통주를 빚는 과정이 재현되어 있다.
3 주점재현관의 모습. 우리 삶의 일부였던 1960년대 대폿집
4 5만여 점의 다양하고 방대한 유물이 주제별로 전시되어 있는 수장형 유물 전시관
5 누룩으로 피자를 만드는 체험

구 이 안덕마을 Gui Andeok Village

한옥황토방에서 피로도 풀고 맛있는 고향 음식도 먹고

전라북도 완주군 구이면 정자길 72 | 063-227-1000
http://www.poweranduk.com

01

02

1 구이 안덕마을의 둘레길을 걷고 있
는 사람들
2 안덕마을이 자랑하는 황토한증막.
여행의 피로를 풀 수 있다.

모악산 자락 계곡 주변에 위치한 안덕마을은
황토한증막이 유명하다. 전통 구들방식의 한증막
인데 한약재를 우려낸 물로 황토를 비빈다는 특징
이 있어 젊은이들도 많이 찾는다. 또 한방향기주머
니, 손수건 염색 체험과 함께 인절미와 두부, 매듭
팔찌 등을 만드는 과정도 있다.

농산물 수확 체험도 가능하므로 단체 신청하면
우리 땅이 주는 열매를 거두는 기쁨도 누릴 수 있
다. 그리고 간단하게나마 흔들다리로 구성된 어드
벤처 시설도 있고, 주변 경치가 아름다워서 숲을 걸
으면서 자연이 주는 힐링을 누릴 수 있다.

한옥황토방, 펜션, 캠핑카 등 다양한 숙박시설
을 갖추고 있어 시골의 정취를 느끼며 잠을 청해
볼 수 있다. 식사는 농가레스토랑에서 신선한 재료
로 만든 건강식을 먹어 보기를 권한다.

6

전통과 미래를 배우는 단체 수학여행 코스

1박 2일 여행지

고산문화공원 → 오복마을 → 화암사 → 천호성지 → 대승한지마을

11.17km(16분)　　7.12km(14분)　　24.48km(42분)　　37.84km(39분)

[고산문화공원] 고산문화공원은 단체 수학여행 코스로 적당하다. 서바이벌 게임을 할 수 있는 밀리터리파크와 다양한 모습의 무궁화테마식물원, 무궁화천문대, 수생생물체험과학관 등이 있어 학생들에게 주는 만족감이 높다.

▶ 서바이벌 게임, 투어바이크, 와일드푸드축제, 별자리 관측

[경천 오복마을] 인간의 다섯 가지 복을 가진 마을이라는 뜻을 갖고 있는 오복마을은 농촌 체험 1번지다. 단체 여행을 하면서 농촌을 배우고 물놀이와 물고기도 잡는 즐거움을 체험할 수 있다.

▶ 블랙베리효소 · 전통간식 인절미 · 두부 · 천연염색 손수건 만들기, 고구마 · 땅콩 · 옥수수 수확 체험, 미꾸라지 잡기

[경천 화암사] 국내에서 유일한 하앙식 건축물로 국보로 지정된 극락전과 보물 우화루 등이 있다. 우리나라의 건축과 역사에 대한 자부심을 느낄 수 있다.

[비봉 천호성지] 가톨릭 초기 순교의 역사가 담긴 현장이다. 한국 가톨릭의 대표 성지로, '천호가톨릭성물박물관'에서 각종 성물을 접하며 신앙의 경건함과 신비를 체험한다.

▶ 성인묘역, 편백숲, 로사리오길, 천호가톨릭성물박물관

[소양 대승한지마을] 한지의 역사가 고스란히 남아 있는 마을이다. 한지 전시관과 한지로 만드는 체험관을 통해, 젊은이에게 세계적인 한지를 만든 조상의 지혜를 알게 한다.

▶ 한지 초지 · 한지 초지 액자 · 한지 고무신 · 연필꽂이 · 손거울 · 엽서 · 다용도함 만들기

고산문화공원 **Gosan Culture Park**

단결심과 협동심을 심어주는 장소

전라북도 완주군 고산면 고산휴양림로 89 | 063-290-2762

http:// camp.wanju.go.kr

컴퓨터 게임에 익숙한 학생들에게는 서바이벌 게임이 더욱 흥미롭다. 고산문화공원의 밀리터리 파크는 전략과 협동심이 매우 중요한 팀워크 경기로, BB탄 총알을 사용하여 실제 타격감과 생생한 사격감으로 짜릿한 재미를 준다.

장비가 잘 준비되어 있고, 사전에 안전 교육을 시켜주므로 안전하게 경기에 임할 수 있다.

이 외에도 무궁화테마식물원과 같은 볼거리도 있어 고산문화공원에 온 것에 보람을 느낄 수 있다. 9월 완주와일드푸드축제에 참여하면 더 재미있다.

1 고산문화공원에 있는 국내에서 제일 큰 무궁화테마식물원
2 고산문화공원의 전경
3 9월에 열리는 와일드푸드축제의 한 장면

01

경천 오복마을 Gyeongcheon Obok Village

농촌 체험 일번지에서 농부의 마을을 알아가다

전라북도 완주군 경천면 오복마실길 45 | 063-263-5555
http://www.경천애인.com

02

경천 오복마을에는 정보화 시설이 되어 있는 강당과 회의실 등의 부대시설과 단체가 이용할 수 있는 식당 시설을 갖추고 있다. 야외 공연장, 잔디밭, 체육시설이 있어서 간단한 공연이나 행사, 체육활동이 가능하고, 100~150명을 수용할 수 있는 숙박시설도 있다. 또 수확한 농산물을 재료로 한 농가밥상과 오리주물럭, 삼겹살 등 특별메뉴도 가능하다. 이곳에서는 고구마 등을 수확하는 체험도 가능하다.

1 경천애인권역활성화 센터
2 초가집형 숙박시설

화암사 극락전은 국보 제316호로 지정받은 건물이다. 국내에서는 유일하게 남은 하앙식 건축물로서 백제 시대에 지어졌다. 이 건물이 중요한 이유는 일본에는 하앙식 건물이 무척 많은데, 그 건물들이 백제를 거쳐 갔다는 근거가 되기 때문이다. 덕분에 화암사는 우리나라 문화에 대한 자부심을 심어준다. 이 외에도 누각인 보물 제662호의 우화루, 적묵당, 전라북도 유형문화재 제40호인 동종, 문화재로 지정된 괘불도가 보관되어 있어 작은 산사에서 많은 보물을 만날 수 있다.

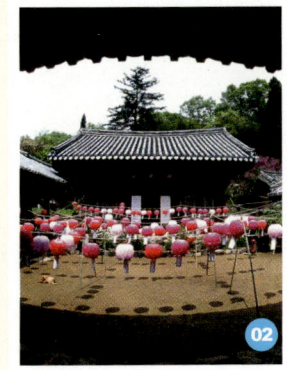

1 벚꽃이 만개한 화암사 전경
2 화암사의 연등

01

비봉 천호성지

Bibong Cheonho Holy Ground

가톨릭 순교의 역사가 담긴 성지

전라북도 완주군 비봉면 천호성지길 124 | 063-263-1004
천호가톨릭성물박물관 063-262-0801
http://www.cheonhos.org

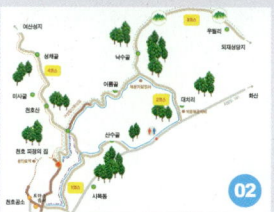

02

학생들이 천호성지를 방문하면 우리나라 개화기의 가톨릭 역사를 배울 수 있다. 천호성지는 대원군의 핍박을 피해 숨어든 가톨릭 신자들이 개척한 곳으로 순교한 성인들이 묻혀 있는 곳이기도 하다.

천호성지에는 아름다운 순례길이 있어서 지금은 학생들이 삼삼오오 산책하며 즐거운 시간을 보내는 곳이 되었다. 좀 더 시간이 있다면 〈천호가톨릭성물박물관〉을 둘러봐도 좋다. 특히 눈여겨 볼 것은 이곳의 독특한 건물 양식이다.

1 천호성지의 봄. 경치가 매우 아름답다.
2 품안길 순례 안내도. 다양한 코스로 즐길 수 있다.
3 천호성지 안에 있는 작은 호수

03

전라북도 완주군 소양면 복은길 18 | 063-242-1001
http://www.hanjivil.com

소양 대승한지마을

세계적인 한지를 만들어 보는 체험장

Soyang Daeseung Hanji Village

우리나라 한지는 천 년 이상을 가는 세계에서 가장 뛰어난 종이다. 이 한지를 만들어내는 현장이 고스란히 남아 있는 마을이 바로 대승한지마을이다. 따라서 한국인으로서 자부심을 느끼게 하는 견학 장소로는 최적이다. 한지를 만드는 것을 보고, 한지 공예품을 통해 한지의 아름다움을 느끼며, 실제로 제작도 해 볼 수 있기 때문이다.

이 외에도 오늘의 한지를 있게 한 맑은 수질과 청명한 산속에 자리 잡은 마을의 아름다운 풍경을 감상할 수 있고, 석기시대 유적지, 서당, 서원, 문중 재각 등 문화재가 풍부해 아주 매력적인 마을이다.

① 위에서 내려다 본 대승한지마을
② 아이들이 한지 고무신 만들기 체험을 하고 있다.
③ 한지를 만들고 있는 모습을 견학하고 있다.
④ 한국관광공사로부터 인증 받은 한옥 스테이
⑤ 한지 공예품을 볼 수 있는 승지관의 내부. 전통과 현대 한지공예품이 전시되어 한지 소재 친환경 상품과 미래의 한지 콘텐츠를 다양하게 보여 준다.

6

전통과 미래를 배우는 단체 수학여행 코스

2박 3일 여행지

두억마을 → 대한민국술테마박물관 → 안덕마을 → 상관 편백숲 → 대승한지마을 →
32.50km(43분)　18.94km(24분)　29.25km(32분)　18.31km(28분)

→ 오복마을 → 고산문화공원 → 삼례문화예술촌
36.43km(37분)　11.20km(19분)　20.18km(36분)

[용진 두억마을] 이 마을에서는 과거시험, 학당 등의 전통 선비 문화 체험을 할 수 있고, 우리 민족이 즐기던 전통놀이도 함께 체험할 수 있다.
▶ 과거시험(20인 이상), 전통 민속놀이, 허수아비 만들기, 전통 제기 만들기

[대한민국술테마박물관] 박물관에서는 세계적으로도 손색이 없는 한국 전통주와 삶의 애환을 해학으로 풀어낸 우리의 술 문화에 대해 배운다.
▶ 발효 체험, 발효빵·쿠키·맥주·칵테일 만들기, 전통주 빚기

[구이 안덕마을] 이곳에서는 숙박을 하며 황토한증막과 농촌 체험을 할 수 있다. 웰빙 식당과 숙박시설이 잘 갖춰져 있어 수학여행지로 적당하다.
▶ 황토한증막, 쑥뜸, 농작물 수확 체험, 매듭팔찌 만들기, 두부 만들기, 인절미 만들기, 손수건 천연염색

[상관 편백숲] 피톤치드가 나오는 편백숲을 통해 숲이 얼마나 우리에게 소중한가를 배우게 된다.
▶ 족욕을 할 수 있는 유황편백탕

[소양 대승한지마을] 천 년 '한지'의 역사가 고스란히 남아 있는 마을이다. 한지 전시관과 한지로 만드는 체험관을 통해 세계적인 한지를 만든 조상의 지혜를 배울 수 있다.
▶ 한지 초지·한지 초지 액자·한지 고무신·연필꽂이·손거울·엽서·다용도함 만들기

[경천 오복마을] 인간의 다섯 복을 가진 마을이라는 뜻을 갖고 있는 오복마을은 농촌 체험 1번지다. 강당과 회의실 등의 부대시설을 갖추고 있어 수학여행 최적지이며, 이곳에서 2박을 하면 된다.
▶ 블랙베리효소·전통간식 인절미·두부·천연염색 손수건 만들기, 고구마·땅콩·옥수수 수확 체험, 미꾸라지 잡기

[고산문화공원] 학생들이 단체로 수학여행을 와서 재미를 찾을 수 있는 곳이다. 서바이벌 게임을 할 수 있는 밀리터리파크가 있고, 무궁화테마식물원, 무궁화천문대, 수생생물체험과학관을 볼 수 있고, 투어바이크와 와일드푸드축제에 참가할 수도 있다.
▶ 서바이벌 게임, 투어바이크, 와일드푸드축제, 별자리 관측

[삼례문화예술촌] 삼례문화예술촌은 일제 수탈의 역사가 남아 있는 다소 숙연한 분위기의 역사 탐방지다.
▶ 책 관련 가구 제작 체험(김상림 목공소), 체험 북 만들기, 문화카페

용진 두억마을
Yongjin Dueok Village

선조들의 문화를 배우다

전라북도 완주군 용진읍 두억길 13-12 | 063-247-0050
http://cafe.daum.net/happybongse

두억마을에서는 우리 전통 문화를 직접 체험할 수 있다. 봉서학당, 과거시험을 재현해 내고, 떡메치기, 제기차기, 굴렁쇠 굴리기, 농작물 수확 등 우리 선조들이 놀고 즐기며 살던 모습을 체험할 수 있어 단체 수학여행 코스로는 제격이다. 전통 한옥에서 숙박도 가능하다.

또 완주군의 종남산과 서방산 자락에 위치한 두억마을은 봉황이 품고 있는 형상으로 우리나라 8대 명당 중 하나로 매우 아름다운 풍경을 자랑한다.

'가장 시골스런 레스토랑'이라고 할 수 있는 봉서농원에서 참나무 숯불구이와 건강식 시골밥상으로 인스턴트에 찌든 아이들에게 자연이 주는 음식의 유익함도 몸소 느끼게 할 수 있다.

1 선조들의 과거시험 체험
2 떡메치기를 하면서 아이들이 즐거워하는 장면. 우리나라 전통놀이까지 할 수 있다.
3 농작물 수확 체험
4 해설이 있는 숲, 땅 밟기를 설명하고 있는 마을 주민들
5 숙박이 가능한 전통 한옥

전라북도 완주군 구이면 덕천전럴길 232-58 | 063-290-3842
http://sulmuseum.kr

대한민국술테마박물관

풍류와 여유가 가득한 우리 술 문화를 배우는 공간

Theme Museum of Korean Liquor

전통주는 우리의 문화이자 시름에 잠겨 있는 대중들의 노고를 풀어주는 역할을 했다. 우리나라 전통주는 세계 술과 비교해도 뒤처지지 않을 만큼 훌륭한 맛을 자랑한다. 최근에는 이 전통주를 빚는 기법을 살려 상품화에 성공한 사례도 많다.

대한민국술테마박물관은 이런 전통주를 살리고 우리 국민에게 전통주의 우수성을 알리고자 만들어진 곳이다. 5만여 점의 유물이 있고 태곳적부터 현대까지 우리 술의 역사를 볼 수 있다. 또 전통주 빚

기 체험을 할 수 있어, 학생들에게 우리 술 문화에 대한 자부심을 갖게 한다.

1 박물관 내부
2 술을 빚는 과정이 재현되어 있다.
3 주점재현관. 우리 삶의 일부였던 1960년대 대폿집이 재현되어 있다.
4 술의 재료와 제조관, 술의 원료 등 다양하게 알 수 있는 전시실

구이 안덕마을 Gui Andeok Village

한옥황토방에서 피로도 풀고 여유로움도 만끽하고

전라북도 완주군 구이면 정자길 72 | 063-227-1000
http://www.powueranduk.com

즐거운 체험과 식사, 숙박까지 한 곳에서 가능하다. 저녁에는 쉬면서 황토한증막을 하고, 낮에는 아름다운 길을 산책하면 좋다. 저녁에는 한방향기 주머니 만들기, 손수건 염색, 인절미 만들기, 두부 만들기, 매듭팔찌 만들기를 하고 다음날 오전에는 농산물 수확 체험으로 아이늘이 즐거운 시간을 보낼 수 있다.

하룻밤을 시골에서 지내면서 풀벌레 소리도 듣

고 쏟아질 것 같은 별을 보며 농촌의 정서에 젖어보는 것도 좋다.

1 안덕마을이 자랑하는 황토한증막. 여행의 피로를 풀 수 있다.
2 다양한 농촌 체험
3 구이 안덕마을의 전경
4 전통한옥에서 본 뒤뜰의 전경

전라북도 완주군 상관면 죽림리 산214-1

상관 편백숲 Sanggwan Hinoki Cypress

편백 숲의 소중함을 배우다

01

02

구이 안덕마을에서 1박을 하고 맛있는 식사를 한 다음 30분을 달려 상관 편백숲으로 가면 가슴까지 시원해지는 맑은 공기를 마실 수 있다. 마을 뒷산의 옥녀봉과 한오봉에서 내려다본 모습이 밥공기 같다고 해서 공기마을인 이곳은 숲을 조성하기 위해 85만 9500㎡에 10만 그루를 심었다. 지금은 그 나무들이 자라서 내뿜는 피톤치드가 맑은 공기를 선물한다. 빽빽한 나무들 사이를 거니는 것만으로도 힐링이 되는 이곳은 수학여행을 온 학생들에게 나무와 숲의 소중함을 가르칠 수 있는 장소다. 족욕을 할 수 있는 유황편백탕도 있어 발의 피로를 풀 수 있다.

1 아름다운 상관 편백숲의 산책로. 숲에 있는 경로를 따라가면 조용하고 시원하다.
2 상관 편백숲의 족욕탕. 여행의 피로를 해소시켜 준다.

116 | 전통과 미래를 배우는 단체 수학여행 코스

소양 대승한지마을
Soyang Daeseung Hanji Village

세계적인 한지를 보고 만들어 보는 체험장

전라북도 완주군 소양면 복은길 18 | 063-242-1001
http://www.hanjivil.com

　편백숲에서 또 30분을 달려 대승한지마을에 오면 세계적으로 가장 유명한 종이인 한지(고려지(紙))가 있다. 대승한지마을에서는 지금까지도 우리나라 한지를 생산하고 있다. 한지는 천 년이 지나도 상태가 온전한, 우수한 종이다. 이 종이는 글을 쓰거나 책을 만들 때만이 아니라 다양한 공예품에도 사용되고 일상생활에서도 쓰이고 있어 그 활용도가 무궁무진하다. 학생들에게 우리 한지의 우수성을 알게 하고 한국 문화에 대한 자부심을 심어 줄 수 있다.

　한지체험관에서는 전통한지 뜨기를 할 수 있고, 한지 공예품을 감상할 수 있는 전시관과 한지로 작품을 만들어 보는 체험관, 한지 생활사전시관도 있어서 한지의 풍부한 활용도와 우수성, 그리고 가치를 알 수 있게 해 준다.

1 한지 만드는 모습을 견학하고 있다.
2 위에서 내려다 본 대승한지마을. 전통 한지의 마을이다.
3 아이들이 한지 고무신 만들기 체험을 하고 있다.
4 한지 공예품을 볼 수 있는 승지관의 내부. 전통과 현대 한지 공예품이 전시되어 한지 소재 친환경 상품과 미래의 한지 콘텐츠를 다양하게 볼 수 있다.

경천 오복마을

Gyeongcheon Obok Village

농촌 체험 일번지 · 농부의 마음을 알아가다

전라북도 완주군 경천면 오복대석길 45 | 063-263-5555
http://www.경천애인.com

01

오복마을은 강당과 회의실 등의 부대시설을 갖추고 있어서 단체 강의가 가능하고 단체가 이용할 수 있는 대규모 식당과 펜션형, 초가집형의 숙박시설이 갖춰져 있다. 야외 바비큐 시설도 있어서 수학여행 등 단체 여행객들에게 최적지다.

이곳에 짐을 풀고 농촌 체험 1번지인 오복마을에서 농촌 체험을 하는 것도 색다른 경험이 될 것이다. 블랙베리효소 만들기나 전통간식인 인절미, 두부, 천연염색 손수건 만들기 체험, 그리고 단체로 고구마와 땅콩, 옥수수를 수확하고 미꾸라지 잡기 등을 통해 농촌살림의 재미를 경험하며 농부의 마음이 되어 볼 수 있다.

02

1 단체로 온 아이들이 옛 놀이를 하며 즐거워하고 있다.
2 떡메치기를 직접 체험하는 아이들

고산문화공원

Gosan Culture Park

단결심과 협동심을 심어주는 곳

전라북도 완주군 고산면 고산휴양림로 89 | 063-290-2762

http:// camp.wanju.go.kr

경천 오복마을에서 20분만 가면 학생들이 좋아할 고산문화공원에 도착하게 된다. 팀별로 전략을 짜서 경기할 수 있는 시설인 밀리터리파크는 학생들에게 인기가 높다. 장비착용과 안전교육을 포함해 게임당 1시간 정도가 소요되며, 팀별로 게임을 하면서 함께 전략도 짜고 힘을 모으는 과정을 통해 협동심을 기르고 팀워크를 다질 수 있다.

우리나라 꽃인 무궁화를 테마로 한 국내 최대 무궁화테마식물원이 있고, 만경강의 생태계를 체험하는 수생생물체험과학관도 있다. 근처에 밤에는 물론이고 낮에도 우주를 관찰할 수 있는 무궁화천문대가 있다.

1 고산문화공원의 전경. 젊은이들이 젊음의 열정과 호기심을 발산할 수 있게 조성되어 있다.
2 투어바이크. 공원을 돌아다니며 즐길 수 있다.
3 9월에 열리는 와일드푸드축제의 한 장면. 물고기도 잡고, 다양한 음식을 즐기는 축제다.

삼례문화예술촌 Samnye Culture Art Village

역사와 문화를 익히는 유익한 여행지

전라북도 완주군 삼례읍 삼례역로 81-13 | 070-8915-8121~32

http://www.srartvil.kr

2박 3일의 마지막 코스인 삼례문화예술촌에 도착하면 학생들은 마치 일제 강점기로 돌아간 것 같은 착각이 들 것이다. 80~90년 전에 지어진 건물들이 역사의 흔적을 고스란히 보여 주고 있어서 1930~40년대의 영화의 한 장면을 보는 것 같다.

양곡을 모아놓은 창고였던 이 건물들은 일제 수탈의 역사를 한눈에 보여 주며, 이 건물 안에 '삼례와 전라북도 예술'을 담아냄으로써 젊은이들에

게 변해가는 역사의 역동성을 느끼게 한다.

이곳에는 비주얼미디어아트미술관, 디자인뮤지엄, 김상림 목공소, 책공방 북아트센터, 책 박물관, 문화카페의 6개 공간이 있다.

1 역사적 의미를 지닌 삼례문화예술촌의 전경
2 삼례문화예술촌 내의 문화카페 외관. 이곳은 방문객들의 휴식 공간이며, 기획공연이 열리기도 한다.
3 디자인뮤지엄. 각종 디자인 작품들을 볼 수 있다.
4 김상림 목공소
5 책공방 북아트센터. 각종 책 제본 및 인쇄가 재현된다.

7

워크숍 최적의 여행 코스

모악산의 정기를 받는 워크숍 코스

모악산도립공원 → 대한민국술테마박물관 → 안덕마을 → 원계곡마을

7.00km(15분)　　　18.94km(24분)　　　2.79km(5분)

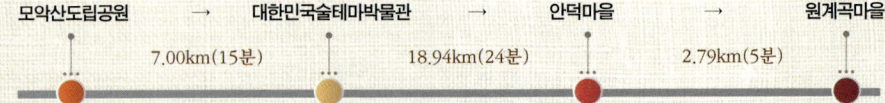

[전라북도 모악산도립공원] 팀워크를 다지는 데는 산행만한 것이 없다. 모악산은 정상에서의 전경이 너무나 아름답고 역사적 유물들이나 볼거리가 많아 즐거운 산행을 할 수 있다.

[대한민국술테마박물관] 우리나라 전통주의 모든 것을 볼 수 있는 박물관이다. 전통주 제작법과 한국의 기품 있는 전통 술 문화에 대한 지식을 얻을 수 있다. 세미나실이 있어서 워크숍도 가능하다.
▶ 발효 체험, 발효빵 · 쿠키 · 맥주 · 칵테일 만들기, 전통주 빚기

[구이 안덕마을] 세미나장과 한옥황토방, 펜션, 캠핑카 등 다양한 숙박시설이 갖춰져 있고 신선한 로컬푸드로 음식을 만드는 농가레스토랑도 있다. 황토한증막은 필수 코스다.
▶ 황토한증막, 쑥뜸, 농작물 수확 체험, 매듭팔찌 만들기, 두부 만들기, 인절미 만들기, 손수건 천연염색

[구이 원계곡마을] 깨끗한 계곡에서 머물며 황토방에서 몸을 지지고 다슬기도 잡고, 디스크골프를 체험할 수 있는 휴양 마을이다.

모악산은 해발 793m의 산 정상까지 경사가 험해 흠뻑 땀이 날 만큼 운동이 되는 산이다. 밀어주고 끌어주면서 산에 오르는 단체 여행객들에게는 협동심을 다질 수 있는 절호의 코스. 정상에서는 전주 시가지가 한눈에 들어오는데 도심과 평야를 한눈에 볼 수 있어 이런 산이 어디에 또 있을까 싶을 만큼 장관이다.

참고로 모악산에는 금산사를 비롯한 많은 문화유적이 있어서 호남 4경의 하나로 꼽히며, 역사 교육장으로도 손색이 없다.

전라북도 모악산도립공원 Jeollabukdo Moaksan Provincial Park

완주이 어머니같은 산을 오르며 호연지기를 익히다

전라북도 완주군 구이면 모악산길 91 | 063-290-2752

이곳은 4월 진달래화전축제가 유명하며, 5월에는 완주 프로포즈축제가 열린다. 남쪽으로는 내장산, 서쪽으로는 변산반도, 그 사이에 호남평야가 치맛자락처럼 넓게 펼쳐져 있으며 모악산에는 도립미술관과 로컬푸드 직매장이 모여 있어 단체식사를 하기에도 좋다.

1 모악산 입구. 붉은 단풍이 아름답다.
2 모악산과 구이저수지 전경. 그야말로 그림 같은 전경이다.
3 가을의 모악산. 역사적 유물과 볼거리가 많아 호남 4경이라고 불린다.
4 모악산에 있는 대원사의 겨울 풍경
5 모악산에 있는 로컬푸드 레스토랑의 내부. 완주에서 나오는 건강한 재료로 만든 맛있는 음식이 나온다.

5만여 점의 전통주와 술에 관한 유물들이 있다. 우리 술과 술 문화에 대한 자부심과 우리 술을 사랑하는 마음을 갖게 한다. 전통주 빚기와 같은 체험 프로그램으로 술에 대한 이해를 높일 수 있다. 또 와인과 맥주를 간단하게 만들어볼 수 있는 체험 실습도 있다. 세미나, 전문 강좌, 소규모 공연은 물론 3D 프로젝터를 통한 영상 상영이 가능한 다목적 강당이 있는데, 대관도 가능하다.

대한민국술테마박물관 Theme Museum of Korean Liquor

풍류 가득한 우리 술 문화를 배우다

전라북도 완주군 구이면 덕천전원길 232-58 | 063-290-3842
http://sulmuseum.kr

1 박물관 외부 모습. 많은 항아리가 전시된 모습이 이채롭다.
2 전통적으로 술을 만드는 과정을 재현한 모습
3 1990년대 호프집이 재현된 모습. 관광객이 직접 앉아 재현된 모습을 따라하고 있다.

구이 안덕마을 Gui Andeok Village

피로를 풀 수 있는 한옥황토방과 고향 음식을 맛볼 수 있는 웰빙 마을

전라북도 완주군 구이면 청명길 72 | 063-227-1000
http://www.poweranduk.com

　　즐거운 체험과 식사, 숙박까지 한 곳에서 가능해 단체 워크숍 여행객들에게 필요한 것들이 잘 갖춰진 마을이다. 황토한증막에서는 뜨끈한 찜질로 몸에 쌓인 피로를 풀 수 있다. 좀 더 재미를 찾는다면 한방향기주머니 만들기, 인절미와 두부 등을 만드는 체험 코스를 넣으면 된다. 대형 세미나장과 한옥황토방, 펜션, 캠핑카 등 다양한 숙박시설이 있고, 농가레스토랑에서는 신선한 로컬푸드로 만든 건강식을 맛볼 수 있다.

1 구이 안덕마을의 전경. 깨끗하면서도 잘 가꾸어진 시골 마을이다.
2 숙박시설. 한옥이라서 친근한 느낌이 든다.
3 웰빙식당. 건강하고 맛있는 요리가 입맛을 돋운다.

01

구이 원계곡마을 Gui Wongyegok Village

닭이 알을 품은 형상의 산촌 생태마을

완주에 조성된 7개 휴양 마을 중 하나다. 본래 계실(鷄室)로 불렸던 원계곡마을은 '닭의 우리'라는 뜻으로 주변 산들이 마을을 병풍처럼 둘러싸고 있어서 마치 닭이 알을 품고 있는 형상과 비슷하다 하여 지어진 이름이다. 원계곡마을은 산촌 생태마을로 숙박을 할 수 있는 황토방 3동이 있으며, 뜨끈뜨끈한 구들장 찜질방을 체험할 수 있다. 자연생태를 활용하여 자연 속에서 즐길 수 있는 디스크골프 체험은 예약 후 이용할 수 있다.

02

1 ~ 3 원계곡 마을 전경 및 숙소

03

구이 안덕마을 전경

모악산 가을 풍경

7

워크숍 최적의 여행 코스

운동과 경기를 통해 화합을 다지는 코스

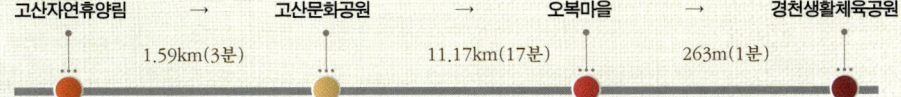

고산자연휴양림 → 고산문화공원 → 오복마을 → 경천생활체육공원

1.59km(3분)　　　11.17km(17분)　　　263m(1분)

[고산자연휴양림] 기암절벽이 어우러진 물 맑은 계곡 속에서 4계절 휴양과 레저가 가능한 레저휴양지다. 캐러밴 등 숙박시설과 삼림욕, 에코어드벤처 시설이 있다.
▶ 물놀이, 에코어드벤처, 숲속의 집과 캐러밴 숙박시설

[고산문화공원] 서바이벌 게임을 할 수 있는 밀리터리파크를 통해서 팀워크를 다질 수 있다.
▶ 서바이벌 게임, 투어바이크, 와일드푸드축제, 별자리 관측

[경천 오복마을] 농촌 체험 1번지인 오복마을에서 1박을 하며 휴식을 취하고, 이곳에서 세미나와 강의를 할 수 있다. 시간이 되면 농산물 수확 체험 등 전원생활의 재미를 만끽할 수 있다.
▶ 블랙베리효소 · 전통간식 인절미 · 두부 · 천연염색 손수건 만들기, 고구마 · 땅콩 · 옥수수 수확 체험, 미꾸라지 잡기

[경천생활체육공원] 인공잔디로 조성된 곳으로 축구, 족구, 풋살, 농구 등 운동 경기로 팀워크를 다지기에 좋은 장소다.

고산자연휴양림 Gosan Natural Recreation Forest

아름다운 자연에서 팀워크 다지기

전라북도 완주군 고산면 고산휴양림로 246 | 063-263-8680
http://rest.wanju.go.kr

기암절벽이 어우러진 깊은 계곡, 맑은 물이 흐르는 고산자연휴양림은 레저휴양지로서 모험심을 심어줄 에코어드벤처 시설이 있어 단체가 자주 찾는다. 에코어드벤처는 자연과 함께하는 신개념 레저 스포츠 시설로 자연의 지형지물을 그대로 이용해 와이어와 로프 등을 설치해 공중에서 이동하며 모험심을 기르게 한다. 공중에서 외줄 하나를 타고 높은 곳에 매달려 이동하는 순간만큼은 용기와 담력이 필

요하지만 안전 장치가 잘 되어 있어 누구나 도전이 가능하다. 평소에 해보지 못한 즐거운 체험이 될 것이다.

1 고산자연휴양림. 다양한 휴양시설과 놀이시설이 구비되어 있다.
2 휴양림에 조성된 에코어드벤처를 즐기는 모습. 다양한 테마로 모험심을 충족시켜 준다.
3 외국에서나 볼 수 있었던 투어바이크. 협력하며 놀 수 있다.
4 숙박시설. 맑은 공기 속에서 숙박할 수 있다. 캐러밴 숙박, 야영장 숙박도 가능하다.

고산문화공원 Gosan Culture Park

단결심과 협동심을 심어주는 곳

전라북도 완주군 고산면 고산휴양림로 89 | 063-290-2762

http:// camp.wanju.go.kr

01

고산문화공원에 마련된 서바이벌 게임 경기장인 밀리터리파크에서는 BB탄 총알을 사용하지만 안전 장비를 갖추고 있다. 팀별로 전략을 짜가며 경기를 진행하면서 단결심과 협동심도 기를 수 있다.

고산문화공원에는 이 외에도 무궁화테마식물원, 만경강수생생물체험과학관, 무궁화천문대 시설이 있으며 8월, 9월에 각각 나라꽃무궁화축제와 완주와일드푸드축제가 열려 풍성한 볼거리와 먹거리를 즐길 수 있다.

02

03

1 만경강수생생물체험과학관
2 서바이벌 게임을 할 수 있는 밀리터리파크
3 캠핑장. 고산문화공원에서는 캠핑도 가능하고, 별도의 숙박시설도 있다.

경천 오복마을

Gyeongcheon Obok Village

농촌 체험 일번지에서 팀워크를 다진다

전라북도 완주군 경천면 오복마석길 45 | 063-263-5555
http://www.경천애인.com

01

경천 오복마을은 근처에 생활체육공원이 있어서 경기를 통한 팀워크를 다질 수 있는 워크숍 장소로는 최적의 코스다.

또 정보화 시설이 되어 있는 강당과 회의실 등의 부대시설을 갖추고 있어서 워크숍 및 세미나 진행이 가능하며, 단체가 이용할 수 있는 식당과 야외 바비큐 시설도 있다.

식당에서는 이 지역에서 수확한 농산물을 재료로 한 기본 메뉴인 농가밥상이 있으며 오리주물럭과 삼겹살 등 특별메뉴도 가능하다. 야외 공연장, 잔디밭, 체육시설이 있어서 간단한 공연이나 행사, 체육활동도 할 수 있다. 100~150명의 대인원을 수용할 수 있는 숙박시설을 보유하고 있다.

02

1 농촌 체험 1번지 경천 오복마을의 펜션형 숙박 시설
2 마을에 있는 숙소의 내부

01

경천생활체육공원
운동 경기로 단합을 다지다
Gyeongcheon Life Sports Park

1 경천생활체육공원의 전경. 다양한 운동시설이 있다.
2 축구장의 모습

경천생활체육공원은 경천면 주민의 건강과 생활체육 활성화를 위해 2010년 문을 열었다. 전체 부지 면적 2만 7,313㎡ 규모에 축구장, 배구장, 풋살장, 농구장, 족구장을 갖춘 생활체육공원은 경천호와 만경강 지류인 구룡천변에 인접하여 뛰어난 자연경관을 자랑한다. 경천면사무소에 신청하면 누구든지 이용이 가능하다.

02

완 주 군

II
chapter

완주의 아름다움에 취해보자

여행이 꼭 번잡해야만 하는 것일까?
조용히 여행지가 주는 아름다움을 마음에
만 담아 와도 행복한 여행.
눈으로도 즐길 수 있는 여행이 완주에서
펼쳐진다.

1

당일치기로 딱 좋은 여행 코스

봄

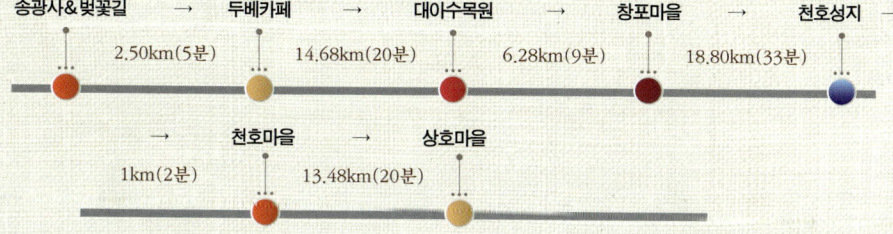

송광사&벚꽃길 → 두베카페 → 대아수목원 → 창포마을 → 천호성지 →
　　　2.50km(5분)　　14.68km(20분)　　6.28km(9분)　　18.80km(33분)

→ 천호마을 → 상호마을
　1km(2분)　　13.48km(20분)

[소양 송광사 & 벚꽃길] 4월 초부터 중순까지 약 열흘간 벚꽃의 아름다움에 취할 수 있는 길. 분홍빛 벚꽃나무가 터널을 이뤄 장관을 연출한다.

[소양 두베카페] 현대식 건물인 카페와 250년 된 전통 한옥이 어우러진 두베카페. 따뜻한 커피를 손에 쥐고 예스러운 풍경을 바라보는 멋이 있다.

[전라북도 대아수목원] 3~5월이면 튤립이 장관을 이룬다. 험지여서 꽃들의 보고로 남은 대아수목원에는 봄의 전령들이 모여 있다.

[고산 창포마을] 5월 단오제가 펼쳐지는 마을. 창포로 머리를 감는 행사는 필수. 우리나라에서 집단으로 창포를 재배하는 마을로, 다듬이 연주와 들녘밥상은 이 마을만의 자랑거리다.

[비봉 천호성지] 봄이면 더욱 아름다운 가톨릭의 성지. 다양한 산책로를 따라 봄의 기운을 만끽하고, 성인들의 묘지와 성스러운 분위기 속에서 경건함을 느끼는 시간을 가질 수 있다.

[비봉 천호마을] 순교자들이 모셔져 있는 마을. 천주교 박해 때 가톨릭 교우들이 어떻게 살았는지를 볼 수 있다. 봄이 되면 순례길이 더욱 아름다워진다.

[화산 상호마을] 호랑이 머리를 닮았다고 하는 마을이다. 봄이면 온 마을이 화려한 꽃잔치로 변하는 아름다운 곳이다. 좌도풍물놀이가 남아 있으며, 탈 만들기, 미꾸라지 잡기 체험을 할 수 있다.

소양 송광사 & 벚꽃길

Soyang Songgwangsa Temple & Cherry Blossom Walkway

벚꽃길에서 추억을 만든다

전라북도 완주군 소양면 송광수만로 255-16 | 063-241-8090
http://songgwangsa.or.kr

01

매년 4월 초에서 중순까지 절대 놓치면 안 되는 길이 있다. 바로 송광사로 가는 약 1.6km에 펼쳐지는 벚꽃길이다. 40년생 벚꽃나무가 양쪽으로 이어져 도로가 마치 벚꽃터널 같다. 4월 여행이라면 꼭 둘러봐야 할 명소다.

송광사는 신라 때 건축된 천년사찰로, 대웅전을 비롯한 보물과 전북 유형문화재 5점이 있어서 문화재로도 가치가 높은 사찰이다. 봄이면 화려한 꽃들이 만발해 더욱 아름다운 경치를 보여 준다.

02

03

1 4월 초에 활짝 핀 벚꽃길. 완주 여행에서 손에 꼽히는 산책로다.
2 꽃이 만발한 천년사찰 송광사
3 송광사를 배경으로 사진을 찍는 사람들

01

소양 두베카페
Soyang Dube Cafe
커피 한 잔으로 봄의 기운을 느낀다

전라북도 완주군 소양면 송광수만로 472-23 | 063-243-5222
http://stayhanok.com

02

따뜻한 커피를 손에 쥐고 자연의 절경을 감상하는 것은 여행의 여유가 주는 특혜다. 250년 된 한옥으로 조성된 소양 오성한옥마을 한가운데 자리 잡고 있는 모던한 두베카페가 바로 그런 곳이다. '두베'란 북두칠성 중 가장 밝은 별을 의미하며, 주인이 키우는 삽살개 이름도 두베로 방문객들의 사랑을 받고 있다. 분위기 좋은 멋진 카페와 주변에 있는 오래된 기와집이 주는 고상하고 우아한 멋이 어울릴 뿐만 아니라, 산에 핀 형형색색의 꽃들이 따뜻한 커피 한 잔 이상의 여유와 그윽함을 안겨 준다. 어디에서 찍어도 사진이 잘 나와서 사진 찍는 재미가 쏠쏠하다.

1 두베카페 전경
2 한 고택에서 바라본 두베카페

전라북도 대아수목원 **Jeollabukdo Daea Arboretum**

전라북도 대아수목원

수많은 꽃들과 함께하는 즐거움

전라북도 완주군 동상면 대아수목로 94-34 | 063-243-1951
http://forest.jb.go.kr/daeagarden

우리나라에서 손에 꼽히는 천혜의 수목원인 대아수목원에 도착하면 형형색색의 튤립을 볼 수 있다. 4월 중순이면 4km나 이어지는 숲길에 다양한 꽃들과 벚꽃이 장관을 이뤄 봄이면 관람객들이 몰린다.

이 외에도 총 2,683종의 나무와 산림청이 지정한 희귀 및 특산식물도 135종류가 있어 꽃구경이나 산책나온 이들 모두에게 큰 만족감을 준다.

1 대아수목원 내부. 아름다운 꽃과 나무들이 동화의 나라를 연상케 한다.
2 대아수목원에 있는 약 7ha에 걸쳐 전국 최대 규모를 자랑하는 금낭화 자생군락지
3 대아수목원에는 5가지 산책 코스가 있다.

고산 창포마을 Gosan Changpo Village

음력 5월 5일 단오제를 만나보자

전라북도 완주군 고산면 대아저수로 385 | 063-261-7373
http://www.changpovil.com

1 맑고 깨끗한 청정 지역을 자랑하는 마을의 전경. 창포를 재배하는 마을이다.
2 마을 주민의 다듬이연주 장면
3 창포로 비누 만들기
4 군청 주도하에 열린 단오제

고산 창포마을에서는 매년 음력 1월 15일 정월 대보름에 열리는 만경강달빛축제와 음력 5월 5일에 열리는 단오제가 재연되어 우리 조상들이 즐기던 신명나는 봄의 축제를 만끽할 수 있다. 그리고 창포 마을답게 창포로 천연비누를 만들고 손수건에 천연 염색을 하는 체험도 있다. 워낙 청정 지역이라서 반딧불, 땅강아지, 두더지까지 볼 수 있다. 또 하나 이 마을에서만 볼 수 있는 다듬이연주단도 꼭 보고 가기를 권한다. 고령의 할머니들이 다듬이를 두드리는데, 그 연주가 얼마나 신나는지 어떤 타악기 연주에도 뒤지지 않는 그야말로 "예술"이다.

비봉 천호성지

Bibong Cheonho Holy Ground

봄에 가장 아름답게 피어나는 성지

전라북도 완주군 비봉면 천호성지길 124 | 063-263-1004
천호가톨릭성물박물관 063-262-0801
http://www.cheonhos.org

천호성지는 우리나라 천주교 150여 년 순교 역사를 담고 있는 한국 가톨릭의 성지로 봄이면 환상적인 절경을 연출한다. 이렇게 아름다운 장소가 된 배경에는 아이러니하게도 천주교 핍박이라는 아픔의 역사가 있다. 천주교에 대한 핍박이 이어지자 신도들은 산세가 험한 이 지역으로 숨어들었고 이 험지에서 자연을 보호하며 보금자리를 틀었던 것이다.

봄이면 다양한 꽃들이 피는 이곳에서 편백숲, 로사리오길, 로사리오 연못, 실로암 연못, 품안길, 대숲길을 걸으면, 아름다운 자연에 감탄하며 자연스럽게 힐링이 된다.

1 천호성지 성당의 모습
2 박물관에 전시된 성물. 가톨릭의 역사가 담겨 있다.

1 천호마을 전경
2 성물공예관. 주민들이 직접 운영하고 관리하면서 성물공예품을 제작하고 판매하여 지역 주민들의 소득 증대와 일자리 창출에 도움이 된다.
3 화덕 체험장

비봉면 천호산 기슭에 있는, 가톨릭 신자들이 살고 있는 마을로 다리실마을이라고도 한다.

성 손선지, 성 정문호, 성 한재권, 성 이명서 등 네 분의 가톨릭 성인의 묘가 있으며, 피정의 집, 토마스 쉼터, 봉안경당, 로사리오 연못, 성물공예 체험관, 경로당 등이 있다. 이곳은 170여 년 신앙의 역사인 교우촌과 순교성인의 안식처로서, 1866년 병인년 천주교박해 때 전주 숲정이에서 순교한 성인들과 1868년 여산에서 순교한 많은 순교자들이 모셔져 있다. 건축사적으로도 아름답기로 유명한 부활성당, 편백숲속의 야외경당을 볼 수 있으며, 봄이 되면 순례길이 아름다워서 경건한 마음으로 돌아보기 좋은 코스다.

화산 상호마을 Hwasan Sangho Village

호남좌도 풍물의 고장·호랑이를 닮은 범어리마을

전라북도 완주군 화산면 상호길 29-4 | 063-717-7700(사)미울동

상호마을 주변의 산들이 호랑이 형상을 하고 있는데, 상호마을은 호랑이의 머리 부분에 있다고 해서 '범머리(上虎)'라고 불렸다가 나중에 버머리(범어리)로 쓰게 되었다. 완주 화산면과 논산 연무대를 잇는 길목에 있어서 과거에는 통행이 빈번했던 곳이다. 상호마을 입구는 봄이면 꽃으로 완전히 새 옷을 입어 환상적인 아름다움을 보여 주기 때문에 봄나들이에는 이만한 곳이 더 없다.

호남 좌도 풍물놀이(농악)의 풍습이 남아 있어서

신 나는 풍물놀이를 볼 수도 있다. 좌도 풍물놀이는 우도 농악에 비해 빠르고 거칠며 채굿가락과 영산·짝드름 등의 가락은 이 지역의 특색이다. 또 우도에 비해 단체놀이에 치중하고 있으며 윗놀이가 발달되었다.

마을에 도착해서 잡색놀이 탈 만들기와 미꾸라지 잡기 등의 체험을 할 수 있으며, 식사 메뉴로는 건강식 백반이나 추어탕이 가장 유명하다.

1 눈으로 덮인 아름다운 상호마을 전경. 봄이면 더욱 예쁜 마을이 된다.
2 호남 좌도 풍물놀이로 신 나는 한마당 축제가 열리고 있다.
3 미꾸라지 잡기에 열중하는 아이들

1

당일치기로 딱 좋은 여행 코스

여름 1 · 2

운장산계곡   →   오스갤러리   →   송광사

30km(45분)   3.05km(6분)

여름 1

[동상 운장산계곡] 완주 동쪽 끝에 있는 계곡으로 우리나라 오지 중에 하나. 깊은 계곡에서 나오는 맑은 물로 피서인파가 몰려든다.

[소양 오스갤러리] 시원한 호숫가에 자리 잡은 갤러리 겸 카페다. 무더운 여름을 피해 작품을 감상하며 시원한 바람과 음료를 맛보는 즐거움이 있다.

[소양 송광사] 여름이면 활짝 피는 연꽃이 장관인 천년사찰이다. 보물 등 볼거리도 많고 경내가 아름답다.

완주군 동쪽 끝으로 가보면, 노령산맥의 주봉인 운장산이 있다. 위봉산과 운장산 사이의 대아호를 감고 돌아가는 우리나라 오지 중의 하나로 계곡이 깊고 여름이면 계곡의 맑은 물을 찾아 피서인파가 몰려든다. 우암교에서 은천리로 가는 산천계곡 일대는 대아수목원 등 조용하고 아늑한 휴식 공간이 있다. 은천리까지 가는 2km 정도의 구불구불한 계곡을 보면 청정 지역이라는 것을 실감하게 된다. 특히 휴양림 건너편에 있는 통나무집 산장 뒤로 30분 정도 협곡을 타고 위덩굴로 오르면 높이 9m의 절벽에

전라북도 완주군 동상면 신월리

맑은 물이 넘쳐 흐르는 오지의 계곡

동상 운장산계곡 Dongsang Unjangsan Valley

1 여름에 운장산계곡에서 물놀이를 즐기고 있는 사람들. 깊은 계곡에서 맑은 물이 흘러내린다.
2 ~ **4** 운장산계곡. 사람의 발길이 잘 닿지 않은 오지임을 알 수 있다.

서 비류직하하는 폭포수와 아직도 사람의 발길이 닿지 않은 원시림이 있다.

완주 소양면의 호숫가에 자리 잡은 오스갤러리는 다양한 주제의 문화행사를 여는 갤러리와 분위기 있는 카페가 있는 문화공간이다. 특히 푸른 잔디가 펼쳐진 정원이 보이는 오디오룸은 누구나 원하는 음악을 들으며 차를 마실 수 있다. 오스갤러리에 오면 누구나 회화, 조각, 음악, 건축, 디자인이 함께 어우러진 아늑한 분위기를 만끽할 수 있다.

소양 오스갤러리 Soyang O's Gallery

최고의 안락함을 즐기는 문화공간

전라북도 완주군 소양면 오도길 24 | 063-244-7116
http://www.osart.co.kr

1 꽃이 만발한 오스갤러리의 외관. 주변 전경이 매우 아름다운 전시관 겸 카페다.
2 오스갤러리의 외관. 멋진 야외 행사장으로도 활용된다.
3 야간 풍경. 밤 10시까지 운영된다.
4 오스갤러리의 내부. 각종 전시가 열리고 있다.
5 푸른 잔디가 눈에 띄는 오스갤러리

소양 송광사 Soyang Songgwangsa Temple

여름에 피는 연꽃은 손꼽히는 장관

전라북도 완주군 소양면 송광수만로 255-16 | 063-241-8090
http://songgwangsa.or.kr

송광사의 연꽃은 여름이면 활짝 피어서 장관을 이룬다. 국내 사찰에 있는 연못으로는 가장 큰 규모를 자랑하는데, 만발한 연꽃을 바라보고 있으면 시간을 잊는다. 또 종남산에서 불어오는 시원한 바람을 맞으며 송광사를 둘러볼 수 있다.

송광사에는 대웅전(보물1243), 종루(보물1244), 소조삼불좌상 및 복장유물(보물1274), 소조사천왕상(보물1255) 등 다수의 문화재가 소장되어 있다. 또 산사문화를 체험할 수 있는 템플스테이가 있어서 여름휴가 때 피서 겸 이용해 보는 것도 좋다.

1 송광사 연못에 핀 연꽃. 여름이면 활짝 펴 장관을 이룬다. 우리나라 사찰에서는 가장 큰 규모다.
2 송광사 전경. 아담하면서도 주변의 경치가 아름답고, 보물로 지정된 문화재가 많다.
3 대웅전. 이 대웅전 안에는 삼불상이 모셔져 있다.

금고당계곡	→	화암사	→	오복마을
	12.06km(22분)		7.10km(14분)	

여름 2

[운주 금고당계곡] 얼음골 운주의 자연놀이터! 맑고 깨끗한 물과 수려한 자연풍광이 아름다운 계곡. 해마다 여름휴가철이면 많은 관광객들이 찾는 곳이다.

[경천 화암사] 불명산 산자락에 숨겨져 있는 백제 시대의 사찰. 그늘진 나무 숲을 따라 올라가다 보면 뜻밖의 보물을 만나게 된다.

[경천 오복마을] 농촌 문화 체험을 할 수 있는 마을. 숙박시설이 잘 갖춰져 있고 음식 맛도 좋아 관광객들에게 인기가 있다.

운주 금고당계곡 Unju Geumgodang Valley

멋진 풍경과 맑은 물이 있는 최고의 휴가지

　　장선천(금고당계곡)은 대둔산과 천등산계곡에서 흐르는 옥계천과 용계천이 합류하여 이루어진 청류계곡이다. 언제나 맑은 물이 흐른다. 또 대둔산으로 가는 17번 국도 옆을 따라가다 보면, 괴목동천(옥계동계곡)이 나온다. 옥계동계곡은 대둔산의 큰 바위들이 오랜 세월 풍화되어 파인 골에 계곡이 만들어져 풍광이 아름다우며, 구슬처럼 맑고 시원한 물이 흘러 여름피서지로 제격이다. 맑고 깨끗한 물과 수려한 자연풍광으로 해마다 여름휴가철이면 많은 관광객들이 찾는 곳이다. 대둔산 멋진 풍광까지 즐길 수 있는 짜릿한 계곡 체험이 가능하다.

1 ～ **5** 옥계동계곡과 운주계곡의 모습

경천 화암사 Gyeongcheon Hwaamsa Temple

산속에서 만나는 고색창연한 사찰

전라북도 완주군 경천면 화암사길 271 | 063-261-7576

불명산 깊은 계곡에 숨겨진 사찰로 안도현 시인은 '화암사 내 사랑'이라는 시에서 '잘 늙은 절 한 채'라고 할 만큼 옛 멋을 풍기는 사찰이다. 계곡을 오르며 흘렸던 땀을 식힐 겸 사찰 건물 툇마루에 앉아보면 세상의 시름마저 곧 잊을 것 같다. 계곡을 따라 오르면서 느낄 수 있는 청량감 때문이 아닐까.

화암사에는 백제 시대 양식으로 지어져 국보로 지

정받은 극락전이 있고, 다른 사찰에서는 볼 수 없는 양식의 누각, 우화루와 적묵당이 보물로 지정되어 역사적 가치가 높다. 화암사에 오르기 전 싱그랭이 마을에서 화암사 야생 숲길 체험을 이용하면 숲 해설을 들으며 화암사를 둘러볼 수 있다.

1️⃣ 불명산 위에서 본 사찰의 모습. 규모가 작고 아담하지만 주변 전경과 잘 어울린다. 툇마루에 앉아 오래된 건물들을 보면 많은 생각에 젖게 된다.
2️⃣ 고색창연한 화암사 경내. 나무와 벽의 색이 세월을 말해 주고 있다.

경천 오복마을 Gyeongcheon Obok Village

농부의 마을을 알아가는 여행

전라북도 완주군 경천면 오복매설길 45 | 063-263-5555
http://www.경천애인.com

오복마을은 다섯 가지 복이 있는 마을이라는 뜻으로 완주군 경천면에서 따온 말에 사람을 사랑한다는 뜻의 '애인'을 붙여 경천애인(敬天愛人)으로도 불린다. 여름에는 수영장도 운영해서 수영과 농촌 체험이 가능하다.

단체가 숙박하며 워크숍이나 세미나도 가능한 시설이 완비되어 있다. 오복마을 주변을 둘러싼 편백과 참나무, 소나무가 뿜어내는 피톤치드를 맡으며 웰빙의 행복을 맛보고, 작은 물고기를 잡아보는 재미가 있다. 특히 이 마을은 자연건조 곶감과 왕대추가 유명한데, 맛과 품질이 완주군에서도 최고 수준이다. 농촌 체험으로는 블랙베리효소 만들기를 비롯해 전통간식 인절미, 두부, 천연염색 손수건을 만드는 체험과 고구마와 땅콩, 옥수수 수확 체험 등이 있다.

1 농촌 체험 1번지 경천 오복마을의 초가집 숙박시설. 여름휴가와 농촌 체험으로 관광객이 많이 찾아온다.
2 농촌사랑학교에서 감 깎기 체험을 하는 아이들

완주 놀go먹go

1

당일치기로 딱 좋은 여행 코스

가을

대둔산도립공원	→	화암사	→	비비정예술열차
	21.74km(32분)		31.20km(46분)	

가을

[전라북도 대둔산도립공원] 단풍으로 물든 대둔산을 보면 왜 대둔산이 호남의 금강산이라고 부르는지 알 수 있다. 바위와 울긋불긋한 단풍이 어우러진 경치는 절경 중에 절경이다.

[경천 화암사] 산속에서 만나는 고찰 화암사에서 산을 바라보면 그 고즈넉함 때문에 일어나기 싫어진다. 보물이 되어 있는 건축물들과 아름다운 풍광이 사람들의 발길을 이끈다.

[삼례 비비정예술열차] 대둔산과 화암사를 거쳐 이곳에 도착하면 어느새 저녁이 된다. 비비정예술열차에 앉아 저녁 식사와 커피를 즐기며 바라보는 만경강의 저녁 풍경은 황홀하다.

단풍에 물든 가을 대둔산은 황홀함 그 자체다. 대둔산은 정상인 마천대(878m)를 비롯하여 사방으로 뻗은 여러 산줄기가 어우러진 칠성봉, 장군봉 등 멋진 암봉들과 삼선바위, 용문굴, 금강문 등 사방으로 기암괴석과 수목이 어우러져 수려한 산세를 자랑한다. 약 4km에 이르는 등산로를 오르는 데는 4시간 소요되며 흙보다 돌멩이가 많고, 경사가 가파른 산으로 호남의 금강산이라 불려 4계절 내내 등산객의 발길이 끊이지 않는다.

전라북도 대둔산도립공원 Jeollabukdo Daedunsan Provincial Park

단풍에 물든 대둔산을 보라

전라북도 완주군 운주면 대둔산공원길 23 | 063-263-9949
http:// daedunsan.alltheway.kr

대둔산에는 군지구름다리, 수락폭포, 마천대, 대둔산 승전탑, 선녀폭포, 낙조대, 석천암, 수락리 마애불 등이 대둔 8경으로 유명하다. 케이블카와 구름다리에서는 대둔산의 수려함을 한눈에 볼 수 있다.

1 대둔산의 가을
2 대둔산은 흙보다 바위가 많아 호남의 금강산이라고 불린다.
3 마천대를 오르는 길에 있는 삼선계단. 127계단으로 되어 있다.
4 케이블카. 케이블카에서 바라보는 대둔산의 경치는 일품이다.
5 장군봉. 경이로울 정도로 아름다운 모습에 찾는 이들이 끊이지 않는다.

1 화암사의 겨울
2 화암사에 모셔져 있는 불상

불명산 계곡이 단풍에 물들면 사방이 휘황찬란해서 화암사에 앉아 불명산을 보면 일어날 생각을 못 하게 된다.

산이 붉게 물들수록 상대적으로 소박한 모습의 화암사는 더욱 돋보인다. 작고 아담한 화암사는 언제나 고색창연함을 고스란히 간직하고 있다.

긴 세월을 담고 있는 기둥과 나무만이 아니라 국보로 지정된 극락전, 보물로 지정된 우화루, 적묵당 등 기둥 하나 돌 하나도 그냥 허투루 볼 수 없는 곳이다.

삼례 비비정예술열차 Samnye Bibjeong Art Train

철교 위에서 만경강을 바라볼 수 있는 문화예술열차

전라북도 완주군 삼례읍 비비정길 73-21 | 063-211-7788

만경강 철교 위에서 운영되고 있는 비비정예술열차는 넓은 호남평야를 강 위에서 바라볼 수 있어서 손꼽히는 명소다. 특히 열차 안에 있는 카페나 식당에서 저녁 식사를 하면서 낙조에 물든 강과 평야를 바라보며 최고의 안락함과 평화로움을 만끽할 수 있다. 총천연색으로 물든 가을의 낙조는 최고의 뷰를 자랑한다.

열차 안에는 레스토랑, 카페가 있고, 갤러리와 완주특산품 매장, 이벤트 테라스, 웨딩홀 등이 마련되어 있는 격조 있는 관람지다.

1 낙조 때의 열차. 열차 안에서 바라보는 낙조는 최고의 전망을 자랑한다.
2 멀리서 바라본 비비정예술열차
3 비비정예술열차 모습
4 열차 안에 있는 레스토랑
5 레스토랑에서 제공하는 메뉴 중 하나

1

당일치기로 딱 좋은 여행 코스

겨울

밤티마을   →   위봉폭포   →   힐조타운

19.38km(25분)   23.99km(41분)

겨울

[동상 밤티마을] 밤티마을은 논두렁 얼음썰매로 유명해 겨울철 놀이를 즐기는 이들이 많이 찾는다. 얼음 위에서 먹는 군고구마와 라면은 꿀맛이다.

[소양 위봉폭포] 2단으로 된 60m의 폭포가 하얀 나뭇가지 사이로 얼어붙어 있는 모습은 장관이다.

[비봉 힐조타운] 겨울에 추운 몸을 녹이는 수소테라피 웰빙 프로그램으로 건강을 얻고, 밤에는 정원에서 펼쳐지는 불빛축제를 즐길 수 있다.

동상 밤티마을

논두렁 얼음썰매의 추억

Dongsang Bamti Village

01

02

03

1 2 얼음썰매장에서 썰매를 타고 즐
거워하는 아이들. 매년 인기가 높다.
3 마을 한쪽 구석에 있는 눈썰매

밤티마을은 만경강 발원샘인 '밤샘'이 있는 마을로 1급수에서만 자라는 버들치, 토종 물고기 퉁사리를 비롯 금낭화·원추리·야생버섯 등이 서식하고 있는 청정 지역이다. 마을 공동체 사업의 일환으로 시작한 밤티마을의 논두렁 얼음썰매장은 겨울철 체험으로 인기가 높다. 어른들에게는 어릴 적 추억과 향수를 불러일으키고 아이들에게는 색다른 재미와 즐거움을 선사한다. 얼음썰매장 안에 있는 마을에서 운영하는 매점에서 차가워진 몸을 녹일 수 있는 따뜻한 음료와 어묵국물, 군고구마 등의 간식도 먹을 수 있어서 겨울철 여행 코스로 아주 좋다.

소양 위봉사 & 위봉폭포 & 위봉산성

산성 안에 자리한 사찰과 폭포

Soyang Wibongsa Temple & Wibong Falls & Wibongsanseong Fortress

위봉사는 신라 말기에 세 마리의 봉황새가 절터를 에워싸고 싸움을 하므로 위봉사(圍鳳寺)라 하였다고 전한다. 예전에 비해 여러 번의 화재로 지금은 그 규모가 매우 축소되었다.

예로부터 완산 8경으로 이름난 위봉폭포는 위봉산 허리에 자리하고 있다. 높이 60m의 2단 폭포로 쏟아져 내리는 물줄기의 장관을 보면 답답하게 닫힌 가슴이 시원해진다. 또 깎아지른 절벽과 울창한

숲에 둘러싸인 절벽을 타고 폭포가 흘러내려 멀리서 보면 하늘에서 내려온 은빛 실타래가 깊은 숨을 가르고 있는 것처럼 보여 신비로운 느낌마저 든다.

위봉산성은 1675년(조선 숙종 1년)에 쌓은 것으로 총 둘레가 16km에 달하는 대규모의 산성이다. 조선 태조의 어진을 봉안하기 위해서 축성했다.

위봉사와 위봉산성은 역사적·문화적 가치가 높아 산림문화자산으로 지정되어 관리되고 있다.

1 겨울에 보는 위봉폭포. 눈꽃과 어우러져 더욱 신비하게 보인다.
2 가을에 본 위봉폭포
3 위봉산성. 근방의 산을 쭉 둘러싼 형태로 둘레가 약 16km이지만 많이 무너져 있어서 일부만 볼 수 있다.
4 위봉사. 현재 10여 동의 건물에 50~60명의 대중이 상주(常住)하고 있는 대찰이다.

비봉 힐조타운 Bibong Healjo Town

환상적인 불빛축제와 몸을 녹일 수 있는 힐링 코스

전라북도 완주군 비봉면 천호로 235-38 | 1899-5852
http://www.healjo.co.kr, http://www.huesikhae.com

건강관리가 특히 중요한 겨울철. 파장수 족욕, 수소테라피, 건강한 식사 등으로 추운 겨울에 언 몸을 녹일 수 있는 힐링 코스다.

무려 1만여 평의 정원에서 '산속여우빛축제'라는 화려한 불빛축제가 펼쳐지는데, 겨울밤에 빛나는 불빛이 오히려 따뜻함을 느끼게 한다. 메마르고 시린 가지를 빛으로 감싸 안은 산속여우빛의 겨울은 환상적이다.

1 밤에 아름답게 피어나는 산속여우빛축제의 한 장면
2 수소테라피룸. 의료용 열선인 SR발열체를 사용하여 온열치료 효과가 있으며, 수소와 산소 발생장치를 이용하여 몸속에 있는 활성산소를 제거한다.
3 건강식으로 힐링도 할 수 있다.

2

1박 2일이 편안한 구경 코스

사람이 만든 미에 취하다

이서 물고기마을 → 전북도립미술관 → 대한민국술테마박물관 → 오성한옥마을 → 대승한지마을 → 송광사

22.19km(23분)　　7.05km(16분)　　32.35km(43분)　　10.63km(19분)　　8.42km(15분)

[이서 물고기마을] 80여 종 200여만 마리의 물고기를 만날 수 있는 마을. 다양한 물고기를 구경하고 뗏목을 타고 물고기를 가까이에서 볼 수 있다.

[전북도립미술관] 현대미술 작품이 전시되어 있는 전북도립미술관에서 멋지고도 신기한 세계관을 체험할 수 있다.

[대한민국술테마박물관] 세계의 명주들과 견줘도 손색이 없을 만큼 훌륭한 맛을 자랑하는 한국 전통주가 모여 있다.

[소양 오성한옥마을] 우리 한옥의 아름다움에 빠지게 하는 마을이다. 250년 된 전통한옥의 아름다움을 느낄 수 있다.

[소양 대승한지마을] 천 년 '한지'의 역사가 고스란히 남아 있는 마을이다. 한지 전시관을 통해 한지의 아름다움에 빠져든다.

[소양 송광사] 오래된 사찰 중에 하나인 송광사. 예전에 비해 규모가 줄었다고는 하지만, 아담하면서도 소박미를 느끼게 하는 사찰이어서 기억에 남는다. 보물로 지정된 유물 유적이 있어 문화재적 가치도 높은 곳이다.

이서 물고기마을 Iseo Fish Village

이백여 만 마리의 물고기를 볼 수 있는 곳

전라북도 완주군 이서면 반교로 311 | 063-213-8400
http://물고기마을.com

16,000㎡의 양어장에 금붕어, 비단잉어 등 관상어를 비롯해 80여 종 200여 만 마리의 물고기를 양식하는 물고기를 테마로 한, 우리나라 최고의 물고기 체험마을이다. 물고기 전문가인 창립자가 40년 동안 일구어온 곳으로 남녀노소 가리지 않고 좋아하는 체험 장소다. 잔디구장, 생태습지, 수생식물 체험장, 인공폭포, 대형 인조물고기, 물레방아, 입체형 아쿠아리움, 실내수족관 등을 갖추고 있고 물고기 관람, 뗏목 타기, 물고기 먹이주기, 물고기 잡기를 할 수 있다.

1 물고기 잡기를 체험하고 있는 아이들
2 물고기밥을 주고 있다.
3 물고기를 담아가며 즐거워하고 있는 아이들
4 연못에 있는 연잎에 올라온 물고기들

전라북도 완주군 구이면 모악산길 111-6 │ 063-290-6888
http://www.jma.go.kr

전북의 색채가 담긴 미술을 감상하다

전북도립미술관 Jeonbuk Province Art Museum

① ~ ③ 전북도립미술관 전경

1박 2일 코스에서 빼놓을 수 없는 곳이 미술관이다. 전북도립미술관은 다양한 기획전시, 상설전시, 미술작품의 수집과 보존, 국내 작가 발굴과 국제교류전을 통해 전북의 많은 작가들과 도민들에게 폭넓은 미술문화를 제공하고 있다. 미술작품을 보면서 힐링도 되고, 우리 안의 미적 욕구를 충족할 수 있다. 미술관에서 제공하는 도슨트를 이용하면 작품에 대한 이해가 훨씬 빠르다. 또 전북도립미술관은 모악산 자락에 위치해 있어 아름다운 주변 경관도 볼거리다.

대한민국술테마박물관 Theme Museum of Korean Liquor

풍류와 여유가 가득한 우리 술 문화를 배우는 공간

전라북도 완주군 구이면 덕천전원길 232-58 | 063-290-3842

http://sulmuseum.kr

미술관에서 멀지 않은 곳에 있는 대한민국술테마박물관에는 약 5만여 점의 전통주와 술에 관련된 유물들이 있다.

우리나라 전통주는 세계의 명주와 견주어도 손색이 없는 맛을 자랑한다. 각 지역마다 환경과 조건에 따라 독특한 술을 발전시켜 왔기 때문에 전통주는 그 지방을 대표하는 문화의 상징 중 하나다.

이곳에서는 우리나라 전통주 제조과정을 볼 수 있으며, 예전 술을 마시던 모습을 재현한 재현관이

있어 우리의 옛 음주문화를 볼 수 있다. 그 외에도 전통주와 와인, 맥주 등을 빚어보는 체험실습실, 술을 숙성시키는 발효숙성실이 있어 술에 대한 이해를 높여 준다.

1 드론으로 항공 촬영한 박물관 모습
2 박물관 내에 전시된 다양한 술의 종류
3 박물관 외부에 전시된 조형물과 휴식 공간

01

한옥의 아름다움에 취할 수 있는 마을

소양 오성한옥마을 Soyang Oseong Hanok Village

250년 된 한옥의 아름다움을 느낄 수 있는 마을. 고색창연한 한옥을 보며 조상의 지혜를 알게 되고, 콘크리트가 아닌 나무의 향을 맡으며 한옥의 고즈넉함과 편안함을 느낄 수 있다. 한옥 툇마루에서 종남산과 주변의 경치를 바라보면 감탄사가 절로 나온다. 한옥 스테이도 가능해서 한옥이 주는 아늑함 속에서 잠을 청해 볼 수 있다. 콘크리트로 된 공간에서 자다가 나무와 흙으로 지어진 친환경 한옥에서 자는 맛은 색다르다.

1 오성한옥마을의 고택. 한옥의 예스러움이 흠씬 묻어 나온다.
2 한옥의 툇마루에 앉아서 고즈넉한 분위기를 즐길 수 있다.

02

세계적인 자랑거리 한지

전라북도 완주군 소양면 복은길 18 | 063-242-1001
http://www.hanjivil.com

소양 대승한지마을 Soyang Daeseung Hanji Village

오성한옥마을에서 20분 거리에 있는 대승한지마을은 청명한 산속에 자리 잡고 있다. 이곳은 400년 전통의 한지인 고려지의 원산지로 맑은 수질에서만 좋은 종이가 만들어진다는 원리에 맞게 이곳의 맑은 수질이 우수한 품질의 종이가 가능한 비결임을 알 수 있다. 지금도 청정 자연이 잘 유지되고 있는 곳이다.

닥나무로 만든 한지는 천 년이 지나도 변함이 없는 뛰어난 종이다. 또한 형태도 매우 아름다워서 한지로 된 공예품 역시 예술적 가치가 대단하다.

대승한지마을에서는 한지를 만드는 과정을 볼 수 있을 뿐만 아니라, 한지로 만든 공예품과 생활용품도 볼 수 있다. 또 한지를 생산하던 초지공이 묵었던 숙소인 줄방도 옛 모습 그대로 볼 수 있으며, 1937년 지어진 동양산업조합 건물도 고스란히 남아 있다.

1 소슬바람에 나부끼는 한지의 고운 빛깔
2 한지를 만들고 있는 장인의 모습. 한지마을에서는 한지 제작 과정을 견학할 수 있다.
3 한국관광공사로부터 인증 받은 한옥스테이
4 대승한지마을. 우리나라에서 손에 꼽히는 전통 한지의 마을이다.
5 한지 공예품을 볼 수 있는 승지관 내부

소양 송광사
Soyang Songgwangsa Temple
천년사찰의 미에 취하다

전라북도 완주군 소양면 송광수만로 255-16 | 063-241-8090
http://songgwangsa.or.kr

기둥 하나, 불상 하나하나가 문화재이며 볼거리인 송광사는 기억에 남는 1박 2일 코스의 마지막 지점이다. 신라 도의선사가 지었다는 이 송광사는 그 사이에 많이 중건되었지만, 오래된 사찰답게 예스러움을 간직하고 있으며 많은 문화재를 보유하고 있다. 대웅전(보물1243), 종루(보물1244), 소조삼불좌상 및 복장유물(보물1274), 소조사천왕상(보물1255)이 보물로 지정되어 있다. 대웅전 안의 세 불상은 나라가 어려울 때마다 땀을 흘린다고 해서 관광객들이 많이 찾는다.

1 송광사 입구. 송광사는 아담하면서도 주변 경치가 좋고, 보물로 지정된 문화재가 많다.
2 송광사 경내
3 송광사에서 주최하는 법요식
4 송광사 종루 내부

2

1박 2일이 편안한 구경 코스

자연이 주는 아름다움에 취하다

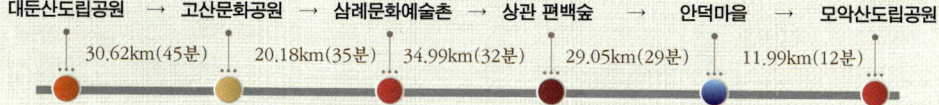

대둔산도립공원 → 고산문화공원 → 삼례문화예술촌 → 상관 편백숲 → 안덕마을 → 모악산도립공원

30.62km(45분)　20.18km(35분)　34.99km(32분)　29.05km(29분)　11.99km(12분)

[전라북도 대둔산도립공원] 호남의 금강산이라고 불리는 대둔산은 기암괴석으로 이루어진 절경 덕분에 완주 1경으로 꼽힌다. 정상인 마천대까지는 878m로 그다지 높지 않아 누구나 등산할 수 있다.

[고산문화공원] 주변에 고산자연휴양림이 있어 매우 아름다운 고산문화공원에는 무궁화테마식물원, 만경강수생생물체험과학관, 밀리터리파크 등 볼거리도 많다.

[삼례문화예술촌] 앞 코스들이 자연을 위주로 한 여행이었다면, 삼례문화예술촌에서는 잠시 미술작품을 관람하며 쉴 수 있다. 회화와 디자인, 책의 역사를 볼 수 있다.

[상관 편백숲] 피톤치드가 가장 많이 배출되는 편백숲이 장관을 이루고 있다. 나무가 주는 맑은 공기는 나무의 소중함을 일깨우고 숲의 아름다움에 취하게 만든다.

[구이 안덕마을] 매우 아름다운 청정 지역으로 마을 주변을 산책하거나 황토한증막에서 지친 몸의 피로를 풀 수 있다. 숙박시설도 있어서 1박하면서 시골 체험을 해 보는 것도 좋다.

[전라북도 모악산도립공원] 호남 4경으로 꼽히는 산으로, 정상에서 호남평야와 전주시가 내려다보이는 풍광이 매우 아름답다.

전라북도 대둔산도립공원 Jeollabukdo Daedunsan Provincial Park

호남의 금강산·절경에 감탄이 이어지고

전라북도 완주군 운주면 대둔산운영길 23 | 063-263-9949
http://daedunsan.alltheway.kr

완주 1경으로 꼽히는 대둔산은 4계절과 아침과 저녁, 시시각각 다른 모습으로 변신해 호남의 금강산이라고 불린다. 정상인 마천대(878m), 칠성봉, 장군봉 등에는 멋진 암봉이 솟아나 있으며, 삼선바위, 용문굴, 금강문 등 사방으로 기암괴석과 수목이 어우러져 수려한 산세를 자랑한다.

대둔산 내에서도 꼭 봐야 하는 대둔 8경이 있다. 바로 군지구름다리, 수락폭포, 마천대, 대둔산 승전탑, 선녀폭포, 낙조대, 석천암, 수락리 마애불

등이다. 시간을 넉넉하게 잡고 둘러보면 대둔산의 진수를 맛볼 수 있다. 산에 오를 때 케이블카를 이용하면 더욱 아름다운 산의 모습을 감상할 수 있다.

1 구름다리의 가을 모습. 구름다리를 건너며 바라보는 대둔산의 모습은 이루 말할 수 없이 아름답다.
2 대둔산의 아름다운 봄
3 대둔산의 여름. 대둔산은 4계절이 절경이다.
4 케이블카에서 대둔산을 바라보는 경치도 일품이다.
5 대둔산의 겨울 설경

고산문화공원
Gosan Culture Park

볼거리가 많은 자연휴양지

전라북도 완주군 고산면 고산휴양림로 89 | 063-290-2762

http://camp.wanju.go.kr

고산문화공원에는 무궁화테마식물원, 만경강 수생생물체험과학관, 무궁화천문대, 투어바이크, 무궁화오토캠핑장, 밀리터리파크 등 많은 볼거리가 있다. 만경강수생생물체험과학관은 만경강의 생태계를 한눈에 볼 수 있고, 4D 영상관에서는 입체 영상을 특수 효과를 통해 사실적으로 보는 재미가 있다. 무궁화테마식물원은 우리나라 최대의 무궁화식물원으로 가장 많은 종류의 무궁화를 볼 수 있다. 무궁화천문대에서는 낮에도 태양의 흑점, 홍염 등을 관측할 수 있어 인기가 높다.

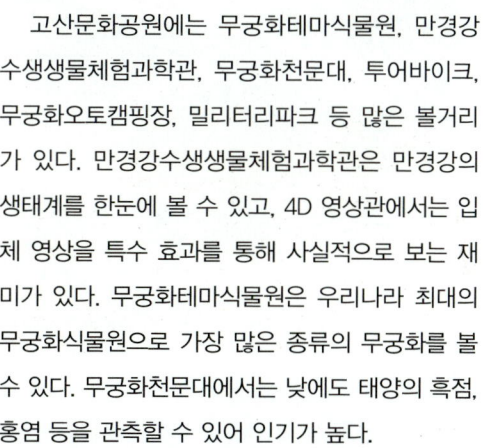

고산문화공원에서는 9월이면 완주의 먹거리를 한 곳에서 맛볼 수 있는 와일드푸드축제가 열려 많은 인파가 몰려온다.

1 고산문화공원에 있는 서바이벌 경기장 밀리터리파크
2 만경강수생생물체험과학관. 4D 영상관에서는 입체 영상을 즐길 수 있다.
3 9월에 열리는 와일드푸드축제. 물고기도 잡고, 다양한 음식도 즐길 수 있다.

삼례문화예술촌 Samnye Culture Art Village

역사와 문화를 익히는 유익한 여행지

전라북도 완주군 삼례읍 삼례역로 81-13 | 070-8915-8121~32

http://www.srartvil.kr

자연과 함께하는 여행 코스에서 잠깐 쉼을 가질 수 있는 곳이 삼례문화예술촌이다. 이곳에 오면 일제 강점기에 세워진 양곡 창고들이 있어서 근대역사 문화를 볼 수 있다.

전시관에는 회화와 미디어, 디자인 작품이 전시되어 있다. 전통 기법을 적용한 현대적 감각의 아름다운 목가구를 비롯하여 책 가구와 나만의 책을 만드는 체험관, 인쇄기계도 볼 수 있다. 미리 신청하면 직접 가구 제작도 가능하다. 김상림 목공소에 있는

조선시대의 목공 연장들을 통해 조선 목공인들의 애환을 가늠해볼 수 있으며, 책 박물관도 있어서 우리나라 책 100년의 역사를 볼 수 있다.

1 삼례문화예술촌 입구
2 삼례문화예술촌 문화카페. 관광객들의 휴식 공간으로 기획공연이 열리기도 한다.
3 책 박물관. 수많은 책을 볼 수 있다.
4 책공방 북아트센터. 책의 제본·인쇄를 재현한다.
5 디자인뮤지엄. 각종 디자인 작품들을 볼 수 있다.

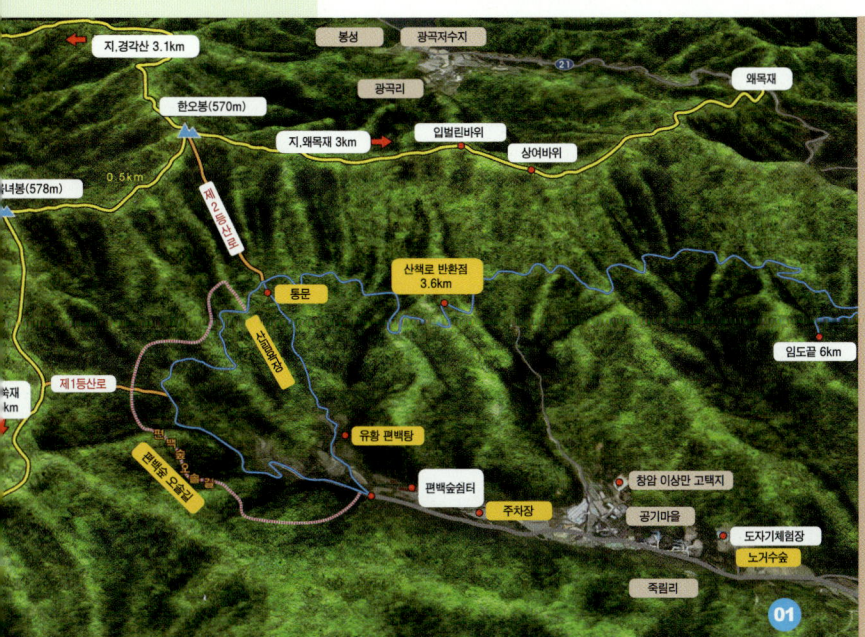

상관 편백 숲 Sanggwan Hinoki Cypress

편백이 주는 피톤치드로 힐링하다

1 코스별 등산로
2 아름다운 상관 편백숲의 산책로

편백으로 가득한 숲을 거닐다 보면 피톤치드로 가득한 공기를 마시면서 절로 건강해지는 느낌이 들어서 숲의 소중함과 아름다움에 감탄하게 된다. 산자락 85만 9500㎡에 10만 그루의 편백이 심어져 있어 이곳을 산책하면 마치 "맑은 공기 마시고 힘내세요!" 하는 위로를 받는 느낌이다.

구이 안덕마을 Gui Andeok Village

한옥황토방에서 피로 풀고 맛있는 고향 음식 먹고

전라북도 완주군 구이면 정파길 72 | 063-227-1000
http://www.pow2randuk.com

안덕마을은 아름다운 자연의 산세와 청정함이 있고, 알차고 다양한 체험 프로그램이 있는 건강 명소다.

주변에 아름다운 산책로가 많아서 걸으면서 휴식과 명상을 하기에 좋다. 숙박시설도 잘 되어 있어서 1박하면서 농산물을 수확하는 시골 체험까지 한다면 잊지 못할 추억이 될 것이다. 이 마을에서는 웰빙 황토펜션과 힐링 어드벤처 체험장이 있으며 특히 황토한증막이 유명하다. 전통 구들방식으

로 되어 있고 황토를 한약재로 우려낸 물로 비볐기 때문에 몸에 쌓인 노폐물이 잘 배출된다고 한다. 또 한방향기주머니, 손수건 염색, 인절미 만들기, 두부 만들기와 농산물 수확 체험도 할 수 있다.

1 안덕마을 숙소의 하나인 캐러밴
2 마을 내에 있는 어드벤처 시설. 아이들이 재미있게 놀고 있다.
3 구름다리. 곳곳에 재미를 주는 시설들이 있다.
4 물이 맑은 마을. 작은 물고기도 잡는다.
5 잘 정비된 마을의 주차장

노령산맥 서단부에 위치한 모악산 정상(해발 793m)에 서면 전주 시가지가 한눈에 들어온다. 남쪽으로는 내장산, 서쪽으로는 변산반도, 그 사이에 호남평야가 치맛자락처럼 널찍이 펼쳐져 있어서 경치가 매우 아름답다. 빼어난 자연경관과 한국 거찰의 하나인 금산사를 비롯한 많은 문화유적이 있어서 호남 4경으로 꼽힌다.

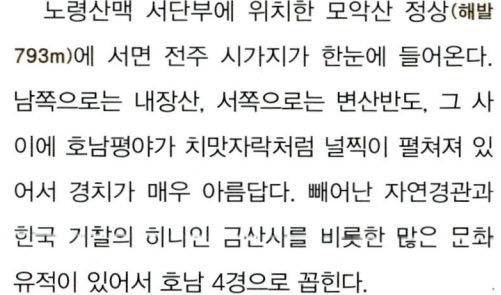

4월에 진달래화전축제, 5월에는 완주 프로포즈축제가 개최된다. 모악산에는 도립미술관과 로컬푸드 직매장이 모여 있다.

1 모악산과 구이저수지의 그림 같은 절경
2 가을의 모악산. 역사적 유물과 볼거리가 많아 호남 4경이라고 불린다.
3 모악산 입구. 붉은 단풍이 아름답다.
4 진달래화전축제의 한 장면
5 로컬푸드 레스토랑의 내부. 완주에서 나오는 건강한 재료로 만든 맛있는 음식이 나온다.

3

힐링과 명상에 좋은 여행 코스

자연과 어우러진 힐링과 명상 코스 1

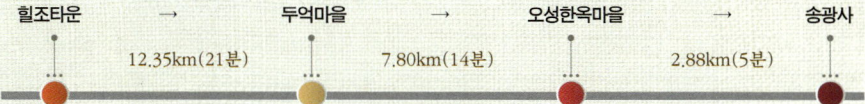

힐조타운 → 두억마을 → 오성한옥마을 → 송광사

12.35km(21분)   7.80km(14분)   2.88km(5분)

[비봉 힐조타운] 몸의 피로, 마음의 스트레스를 풀어내는 힐링 공간이다. 수소테라피 프로그램으로 몸도 마음도 가벼워진다.

[용진 두억마을] 산과 호수로 둘러싸인 국내 8대 명당 중 하나로 꼽히는 아름다운 휴양지다. 또 선비 문화 체험, 전통놀이 체험도 할 수 있다.

[소양 오성한옥마을] 사람에게는 집이 안식처이다. 자연과 잘 어우러지게 지어진 한옥은 편안함을 준다.

[소양 송광사] 아름다운 산자락에 자리 잡은 조용한 산사는 힐링과 명상에 매우 좋은 곳이다. 이곳에서는 보물 문화재 4점을 볼 수 있고, 한국 사찰의 멋을 제대로 감상할 수 있다.

비봉 힐조타운 Bibong Healjo Town

수소테라피로 건강한 몸을 만든다

전라북도 완주군 비봉면 천호동로 235-38 | 1899-5852
http://www.healjo.co.kr, http://www.huesikhae.com

01

02

힐조타운에는 넓고 쾌적한 편백홀과 7개의 수소테라피 룸이 마련되어 있다. 파장수 족욕 → 수소테라피 → 건강한 식사라는 체계적인 과정을 거치며 풍부한 수소와 산소를 마시면 몸속의 활성산소가 제거된다.

이 외에도 1만 평이나 되는 곳에 펼쳐지는 불빛축제도 감상할 수 있고, 봉실산 둘레길도 산책할 수 있어서 휴식과 힐링에 최적화된 곳이다.

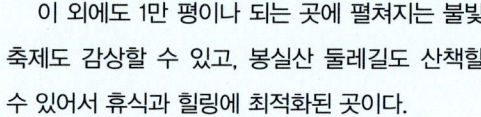

03

1 힐조타운의 환상적인 야경
2 수소발생기
3 1만 평에 이르는 힐조타운.
밤에는 불빛축제가 펼쳐진다.

두 번째 힐링 코스인 두억마을은 완주군의 종남산과 서방산 자락에 위치해 있어 우리나라 8대 명당의 하나로 꼽히며, 산과 호수로 둘러싸인 아름다운 풍경을 보는 것만으로도 힐링이 된다.

이곳에서는 우리의 옛 학교라고 할 수 있는 봉서학당이 재현되고, 과거시험과 장원급제 체험도 있다. 또 전통놀이가 펼쳐져 농심으로 놀아가 보는 즐거움을 안겨준다.

용진 두억마을

전통 문화로 힐링하다

Yongjin Dueok Village

전라북도 완주군 용진읍 두억길 13-12 | 063-247-0050
http://cafe.daum.net/happybongse

1 두억마을 전경. 보는 것만으로도 힐링이 된다.
2 밀양 박 씨 제실 앞마당. 이곳에서 과거시험과 전통놀이 체험이 이뤄진다.
3 봉서학당에서 한자를 배우는 모습
4 해설이 있는 숲. 땅 밟기를 설명하고 있는 마을 주민들
5 전통 제기차기를 하면서 즐거워하는 모습

소양 오성한옥마을 Soyang Oseong Hanok Village

마음이 차분해지는 한옥의 아름다움

전라북도 완주군 소양면 송광수만로 일원

힐링 여행 코스인 오성한옥마을에는 큰 돌로 된 담장이 있는 한옥 고택이 자연과 잘 어우러져 있어 편안함과 안식을 느낄 수 있다. 툇마루에 누워 하늘을 보거나, 앞에 있는 종남산을 바라보면 시원한 청량감을 느낄 수 있다.

이곳의 한옥은 무려 250년이나 된 가장 한국적인 모양새를 갖추고 있다. 돌담과 나무냄새가 배어 있는 서까래와 나무기둥, 그리고 한지로 막은 문짝과 안방의 장판 등 옛 구조물에서 한국적 정서가 물씬 느껴진다.

더 머물고 싶다면 한옥스테이도 가능하다.

1 고택의 모습
2 오성한옥마을의 고택. 한옥스테이도 가능하다.
3 한옥의 툇마루에 앉아서 고즈넉한 분위기를 느낄 수 있다.

소양 송광사 Soyang Songgwangsa Temple

불경 소리로 마음이 힐링되는 곳

전라북도 완주군 소양면 송광수만로 255-16 │ 063-241-8090

http://songgwangsa.or.kr

아름다운 산자락을 뒤로 한 조용한 산사는 힐링과 명상에 매우 좋다. 송광사는 신라 시대에 지어진 아주 오래된 사찰이지만, 중간에 중건되는 등 많은 변화를 겪었다. 일주문에서 대웅전까지 일자(一字)로 배치되어 있는 독특한 구조가 돋보인다.

이곳에서는 보물 문화재로 지정된 4점을 비롯해 한국 사찰의 멋을 제대로 감상할 수 있다. 대웅전에 있는 삼불상은 나라가 어려울 때마다 땀을 흘리는 것으로도 유명하다. 조용히 울려퍼지는 불경과 목탁소리에 마음까지 힐링된다. 또 무더위가 기승을 부리는 한여름에는 이곳 연못에서 피어나는 연꽃을 보는 것만으로도 피서가 된다.

1 송광사 경내. 송광사는 아담하고 주변의 경치가 아름답고, 보물로 지정된 문화재가 많다.
2 송광사 연못에 핀 연꽃. 여름이면 활짝 펴 장관을 이룬다. 우리나라 사찰에서는 가장 큰 규모다.
3 송광사에서 실시하고 있는 템플스테이 장면
4 송광사 탑돌이 모습

3

힐링과 명상에 좋은 여행 코스

자연과 어우러진 힐링과 명상 코스 2

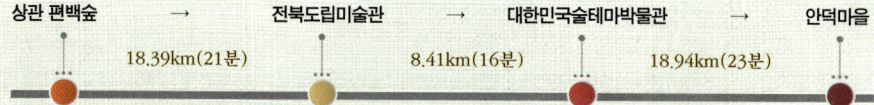

상관 편백숲 → 전북도립미술관 → 대한민국술테마박물관 → 안덕마을

18.39km(21분) 8.41km(16분) 18.94km(23분)

[상관 편백숲] 10만 그루의 편백이 심어져 있다. 편백에서 나오는 피톤치드는 천연 항균물질 이 함유되어 있어 건강에 좋다.

[전북도립미술관] 미술작품으로 힐링할 수 있는 공간이다.

[대한민국술테마박물관] 한국 전통주에 대한 자부심을 갖게 되며, 전통주와 와인, 맥주를 빚 어보는 체험을 할 수 있다.

[구이 안덕마을] 주변 경치가 아름다워 산책을 하면서 심신의 피로를 풀 수 있다. 황토한증막 에서 찜질도 할 수 있다.

상관 편백숲 Sanggwan Hinoki Cypress

몸과 마음이 힐링되는 선물같은 곳

전라북도 완주군 상관면 죽림리 산214-1

01

10만 그루의 편백숲이 내뿜는 피톤치드로 건강을 얻을 수 있는 곳이다. 피톤치드는 천연 항균물질이 많이 함유되어 있어 살균 작용이 뛰어나고, 내수성이 강해 물에 닿으면 고유의 향이 진하게 퍼져 잡냄새도 없애 준다. 이런 특성 때문에 일본에서는 편백을 최고급 내장재로 사용해 왔다.

영화 〈최종병기 활〉의 촬영지로도 유명한 이곳은 깊은 숲을 따라 걸으며 머리를 맑게 하는 명상으로 몸의 건강만이 아니라 마음의 힐링까지 할 수 있는 선물 같은 곳이다.

02

03

■1 길을 안내하는 이정표. 피톤치드만이 아니라 유황이 나오는 샘도 있어 건강에 매우 좋은 숲이다.
■2 피톤치드를 내뿜는 편백이 빽빽이 들어서 있다.
■3 유황샘에 발을 적시는 관광객들

전북도립미술관 Jeonbuk Province Art Museum

미술작품으로 힐링하다

전라북도 완주군 구이면 모악산길 111-6 | 063-290-6888
http://www.jma.go.kr

　　전북도립미술관은 2004년에 개관해 전라북도의 대표적인 미술관으로 자리 잡았다. 상시 전시하는 작품은 물론이고 매번 바뀌는 기획전을 통해 작가들의 새로운 세계관을 엿볼 수 있고, 우리에게 잠재된 미적 감각을 되살려 편안함과 만족을 느낄 수 있는 곳이다. 도슨트를 이용할 수 있어서 작품을 더 쉽게 이해할 수 있다.

1 ～ 6 미술관 외관 및 미술관 주변 설치 작품들

대한민국술테마박물관

Theme Museum of Korean Liquor

우리 술의 풍류와 여유로 힐링을 얻는 곳

전라북도 완주군 구이면 덕천전월길 232-58 | 063-290-3842
http://sulmuseum.kr

01

대한민국 전통주의 모든 것을 볼 수 있는 대한민국술테마박물관은 우리 옛 문화에서 찾을 수 있는 술의 풍류를 알게 해 준다. 전통주와 술에 관한 자료를 보여 주는 전시실과 술을 마시는 우리의 일상을 재현해놓은 재현관, 전통주와 와인, 맥주를 직접 빚어보는 체험실과 술을 숙성시키는 발효숙성실이 있다.

02

03

■1 주점재현관. 우리 삶의 일부였던 1960년대 대폿집
■2 박물관 전경. 2015년에 개관했고 다목적홀, 체험실습실, 발효숙성실, 야외무대가 있다.
■3 ■4 술의 재료와 제조관. 술의 원료와 술을 빚는 과정을 알 수 있는 전시실이다.

04

구이 안덕마을 Gui Andeok Village

한옥황토방에서 찜질로 힐링하는 마을

전라북도 완주군 구이면 정파길 72 | 063-227-1000

http://www.poweranduk.com

안덕마을에는 한옥황토방이 있는데 전통 구들 방식의 황토한증막에서 여행으로 지친 몸을 뜨끈한 찜질로 회복하고, 아름다운 주변 산책로를 걸으며 맑은 공기를 마시고 멋진 경관을 감상할 수 있다.

또 농산물 수확 체험도 가능하고, 숙박시설이 잘 되어 있어서 공기 맑은 농촌에서 풀벌레소리를 들으며 낭만적인 밤을 보낼 수 있다. 또 농가레스토랑에서 신선한 로컬푸드로 만든 맛있는 시골밥상도 맛볼 수 있다.

1 ~ 3 안덕마을 주변에는 숲으로 난 산책로가 있어서 이곳을 걷는 것만으로도 힐링이 된다.

4

아름다운 드라이브 코스

소양면사무소	→	송광사&벚꽃길	→	오성한옥마을	→	위봉사&위봉폭포&위봉산성
	4.73km(12분)		2.95km(6분)		3.34km(5분)	

	→	대아수목원	→	창포마을	→	고산미소시장
	11.49km(16분)		6.28km(9분)		6.16km(12분)	

[소양 송광사 & 벚꽃길] 4월 초가 되면 소양에서 가장 아름다운 길이 된다. 분홍빛 벚꽃터널을 지나면 환상의 길을 가는 듯하다.

[소양 오성한옥마을] 한옥의 아름다움을 감상하고 두베카페에서 따뜻한 커피를 마시면서 보는 마을 풍경이 정겹다.

[위봉사 & 위봉폭포 & 위봉산성] 위봉산성 안에 자리 잡은 위봉사에서는 사방이 모두 절경이다. 약 100m 떨어진 곳에 있는 위봉폭포는 절벽과 숲 사이로 조용히 흘러내린다.

[전라북도 대아수목원] 대아호를 끼고 가는 드라이브는 국내에서도 손에 꼽히는 절경이다. 대아수목원에서 볼 수 있는 꽃들의 잔치는 화룡점정이다.

[고산 창포마을] 대아수목원에서 고산 창포마을로 가는 길도 대아호를 끼고 달리는 드라이브 코스다. 청정 지역인 창포마을의 풍경도 아름답기 그지없다.

[고산미소시장] 만경강 줄기를 따라 가는 드라이브 코스도 멋지다. 고산미소시장에서는 쇼핑은 물론 출출한 배도 채울 수 있다.

매년 4월 초에서 중순까지는 소양면 소재지에서 송광사로 가는 길 중 약 1.6km에 벚꽃길이 펼쳐진다. 40년 된 벚꽃나무들이 양쪽으로 이어지며 벚꽃터널을 만들어 장관을 이룬다. 소양 벚꽃길 행사는 매년 4월 초·중순에 벚꽃의 개화시기에 맞춰 열흘 정도 열리므로 드라이브 여행 코스로 놓치면 아까운 명소다.

소양 송광사 & 벚꽃길 Soyang Songgwangsa Temple & Cherry Blossom Walkway

볼거리 가득한 천년사찰과 벚꽃터널

전라북도 완주군 소양면 송광수만로 255-16 | 063-241-8090
http://songgwangsa.or.kr

1 4월 초에 활짝 핀 벚꽃길. 완주 드라이브 여행에서 빼놓을 수 없는 길이다.
2 봄에 송광사로 가는 길은 이렇게 총천연색으로 물든다.
3 벚꽃이 져도 벚꽃나무로 터널을 이뤄 매우 아름답다.
4 송광사 전경. 볼거리가 많은 사찰이다.

01

02

1 한옥의 툇마루에 앉아 있으면 그
아름다움에 취한다.
2 잔디 왼쪽에는 두베카페가, 오른쪽
에는 고택이 보인다.
3 고택의 모습

　　　한옥의 장점은 무엇보다 자연과 잘 어울리고
보는 것만으로도 편안함을 준다는 것이다. 종남
산을 배경으로 한 한옥마을은 그윽함의 극치를
보여 준다. 한옥스테이는 한옥의 참맛을 느끼게
해 주며 두베카페에서 보는 전망도 매우 멋지다.

03

소양 위봉사 & 위봉폭포 & 위봉산성
Soyang Wibongsa Temple & Wibong Falls & Wibongsanseong Fortress

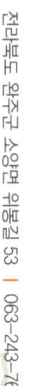

주변 절경이 아름다운 완주 9경 중 하나

전라북도 완주군 소양면 위봉길 53 │ 063-243-7657

02

03

04

위봉산을 뒤로 하고 있는 위봉사는 웅장한 보광명전 지붕의 용마루가 유명한데, 위봉산의 부드럽고 완만한 능선 자락과 조화를 이룬다. 이 사찰의 입구에서 바라보는 위봉산의 풍경은 절로 감탄이 쏟아져 나온다.

800m쯤 내려가면 60m의 2단 폭포인 위봉폭포

01

를 만날 수 있다. 울창한 숲에 둘러싸인 위봉폭포는 마치 숨은 듯 조용히 깎아지른 절벽을 타고 흘러내리는 절경이 완주 9경으로 손색이 없다.

한때 대단한 규모를 자랑했던 위봉산성은 지금은 성 안의 시설들이 모두 없어지고 사라졌지만, 위봉사와 위봉폭포가 함께하고 있다.

1 **3** 위봉폭포. 위봉사와 매우 가까운 곳에 위치해 있다. 60m의 폭포가 2개로 나뉘어 있는데, 전체를 볼 수 없을 정도로 숲의 나무와 절벽에 가려져 있다.
2 위봉산에 자리 잡은 위봉사. 위봉산과 잘 어울리는 이 사찰에서 바라본 산은 절경이다.
4 위봉산성

① 하늘에서 본 대아호의 사계절. 주변 산세와 어울려 아름다운 사계절 풍경을 자랑한다.
② 대아수목원 내부. 아름다운 꽃과 나무들로 동화의 나라를 연상케 한다.

위봉폭포에서 대아수목원까지 약 10km에 이르는 길을 가다 보면 대아호를 지나가게 된다. 기암절벽을 거느린 운장산과 능선이 부드러운 위봉산 계곡을 막아 생긴 대아호는 경관이 빼어나 차를 세우고 사진을 꼭 찍어야 한다. 낙조가 특히 아름다우며 호반길을 따라 달리는 드라이브 코스는 전국적으로 잘 알려져 있다. 대아호에서 시작된 물길은 만경강을 따라 호남평야를 적시고 물길 300리 서해로 흘러간다.

대아수목원에서는 총 2,683종의 식물을 볼 수 있고 열대식물원, 금낭화 자생군락지, 천연기념물 후계목동산, 수목비교관찰원, 표본수원, 장미원 등이 있다.

대아수목원을 관람하고 나와서 고산 창포마을로 가는 드라이브 길은 환상 그 자체다. 왼쪽에 대아호를 끼고 약 7km를 달리면서 볼 수 있는 뷰는 최고로 꼽힌다.

대아호를 코앞에 두고 있는 고산 창포마을은 국내에서는 유일하게 창포를 집단으로 재배하는 마을이다. 농약을 사용하지 않아 반딧불, 땅강아지, 두더지 등을 볼 수 있을 정도로 그야말로 청정 자연을 자랑하는 곳이다. 다듬이연주단이라는 특색 있는

고산 창포마을
Gosan Changpo Village

대아호를 끼고 즐기는 최고의 드라이브 코스

전라북도 완주군 고산면 대아저수로 385 ┃ 063-261-7373
http://www.changpovil.com

공연이 있고, 창포마을답게 음력 5월 5일에는 단오제가 열리고, 음력 1월 15일 정월대보름에는 만경강 달빛축제가 열린다.

1 3 이 마을의 자랑인 다듬이연주 장면
2 맑고 깨끗한 청정 지역을 자랑하는 마을의 전경
4 창포로 만든 천연비누
5 음력 1월 15일에 열리는 만경강달빛축제의 한 장면

창포마을에서 고산미소시장까지 가는 길은 대아호에서 만경강을 끼고 있는 전경이 좋은 드라이브 코스로 만경강의 아름다움과 부드러운 자연바람으로 금세 기분이 좋아진다.

이 길 끝에 있는 고산미소시장에서는 다양한 먹거리를 즐길 수 있고 완주 특산물도 저렴한 가격에 구매할 수 있다.

고산미소시장 Gosan Miso Market

멋진 드라이브와 고향의 장터에서 맛있는 한 끼 식사

전라북도 완주군 고산면 남봉로 134 | 063-262-0119

1 고산미소시장 입구
2 다양한 먹거리가 있는 고산미소시장의 전경
3 미소식당에서 판매하는 한우. 완주의 한우고기는 육즙이 풍부하고 식감이 부드러운 것으로 매우 유명하다.

5

천천히 걸으며 자연과 하나되는 트래킹

고종시 마실길 (총 11.5km 4시간 30분)

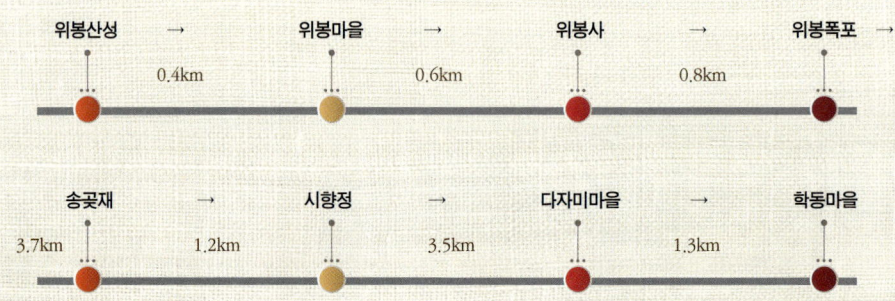

위봉산성 → 위봉마을 → 위봉사 → 위봉폭포 →
0.4km 0.6km 0.8km

송곳재 → 시향정 → 다자미마을 → 학동마을
3.7km 1.2km 3.5km 1.3km

[위봉산성] 조선 숙종 1675년에 쌓은 포곡식 산성(계곡을 감싸 안은 산줄기를 따라 쌓은 산성을 말함)으로 전주 경기전과 조경묘에 있는 태조의 초상화와 선대의 위패를 옮기려고 축조했다.

[위봉사] 604년(무왕 5년)에 서암대사(瑞巖大師)가 창건했다고 하지만 확실하지는 않다. 몇 번의 화재로 여러 건물들이 소실되었지만 중건을 거듭해 현재는 10여 동의 건물에 50~60명의 대중이 상주(常住)하고 있는 대찰의 면모를 갖추고 있다. 주변 경치가 빼어나다.

[위봉폭포] 2단으로 휘어져 쏟아져 내리는 장관은 답답한 마음을 풀어주는 데 그만이다. 이 물은 북쪽으로 흘러 관광명소인 동상을 거쳐 대아저수지로 흐른다. 겨울에 보는 위봉폭포는 꽁꽁 얼어 하얀 천이 산자락을 가로지른 듯한 절경을 보여 준다.

위봉산성

위봉사

위봉폭포

　'고종시 마실길'은 완주군 소양면에 있는 위봉산성에서 시작해서 동상면 거인마을까지 가는 18km 구간을 말한다. 여기에서는 제1코스인 위봉산성에서 학동마을까지 가는 길을 소개한다. 참고로 '고종시(高宗柿)'란 완주군 동상면에서 생산하는 곶감(동상곶감)을 만드는 감을 말하며, 조선시대 고종 임금이 동상곶감을 즐겨 먹었다고 해서 붙여진 이름이다. 즉 시가 감나무 '시(柿)'다. 마실길은 산을 넘는 길이지만, 그렇다고 등산을 해야 하는 것은 아니다. 임도를 정리해서 둘레길을 조성했기 때문에 길이 넓고 편안하다. 그래서 마실길 걷기를 산행이라고 하지는 않는다. 천천히 걸으며 자연과 호흡하는 길이다.

아름다운 순례길

1코스 : 총 23.2km 6시간
2코스 : 총 29.5km 7시간
3코스 : 총 30km 8시간

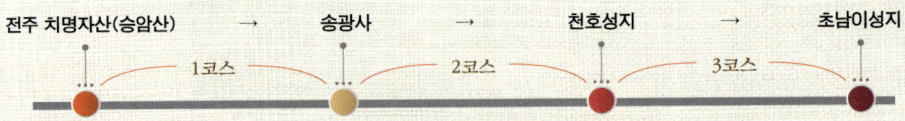

전주 치명자산(승암산) → 송광사 → 천호성지 → 초남이성지

1코스　　　　　2코스　　　　　3코스

[소양 송광사] 송광사는 1622년(광해군 14년) 승려 응호승명, 운쟁, 덕림, 득정, 홍신 등이 보조국사의 뜻에 따라 세웠다고 한다. 보물 문화재 4점을 포함, 한국 사찰의 멋을 제대로 감상할 수 있다.

[비봉 천호성지] 조선 후기 흥선대원군이 천주교도들을 대량 학살한 병인박해(1866년) 당시 천주교도들이 피난처로 은거했던 곳이다. 많은 순교자들의 무덤이 봉안된 곳으로 순교 순례지로도 유명하며 성당과 사제관, 성물박물관 등이 있어서 해마다 많은 이들이 찾고 있다.

[이서 초남이성지] 호남지방 천주교의 사도라고 불리는 유항검이 태어난 곳이다. 전라도 천주교의 발상지인 초남이성지는 유항검의 아들인 유중철과 이순이가 종교적 신념에 의해 동정부부로 살던 생가터이기도 하다.

※ 아름다운 순례길 코스는 총 9코스입니다.
　여기에 표기된 곳은 완주군에 해당하는 장소만 표기하였음을 밝힙니다.

송광사

천호성지

초남이성지

아름다운 순례길

걷나 보면 아름다운 순례 길

A Beautiful Pilgrimage route

6

캠핑 코스

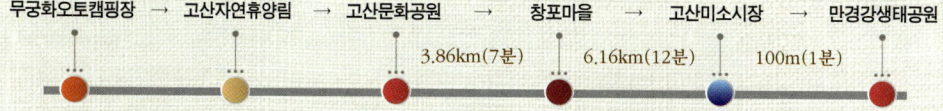

무궁화오토캠핑장 → 고산자연휴양림 → 고산문화공원 → 창포마을 → 고산미소시장 → 만경강생태공원

3.86km(7분)　6.16km(12분)　100m(1분)

[무궁화오토캠핑장] 이 캠핑장은 81개 사이트 및 캐러밴 8대가 구비되어 있으며, 1사이트당 7x8m로 넉넉한 면적을 제공하며 모든 편의시설이 구비되어 있다.

[고산자연휴양림] 캠핑장 바로 옆에 조성된 이곳은 기암절벽이 어우러진 물 맑은 계곡에서 4계절 휴양과 레저가 가능한 레저휴양지다.

[고산문화공원] 무궁화테마식물원, 만경강수생생물체험과학관, 무궁화천문대, 투어바이크, 밀리터리파크 등 볼거리가 많다. 9월에 열리는 와일드푸드축제는 유명해서 많은 이들이 참가해 축제를 즐긴다.

[고산 창포마을] 말 그대로 창포마을이다. 창포로 비누도 만들고 머리 감기 체험은 물론이고 국내에서 유일하게 다듬이를 두드려 연주하는 다듬이연주단의 연주를 볼 수 있는 곳이다. 또 주민들이 직접 채취한 산나물로 차려진 들녘밥상을 맛볼 수 있으며 만경달빛축제, 단오축제가 재연된다.

[고산미소시장] 여행을 하다가 배가 고프면 어디에서 식사를 해야 할지 고민이 된다. 고산미소시장에서는 시골장터 구경도 하고 식사까지 할 수 있으니 걱정이 필요 없다.

[만경강생태공원] 만경강을 테마로 한 축제, 문화 및 휴식이 있는 공간이다. 자전거길과 산책로가 잘 갖춰져 있어 인기가 높다.

무궁화오토캠핑장

무궁화꽃이 피는 캠핑장

Mugunghwa Auto Camping Ground

전라북도 완주군 고산면 고산흥양림로 89 고산문화양림원 | 063-290-2764

http:// camp.wanju.go.kr

01

1 ~ 3 캠핑장의 모습
4 ~ 5 캐러밴과 내부 모습

무궁화오토캠핑장은 고산자연휴양림 입구에 있는데, 전주, 대전 등에서는 1시간 이내에 닿을 수 있고 서울에서는 2시간 30분이면 도착할 수 있다. 캠핑장은 81개의 사이트와 캐러밴 8대가 구비되어 있으며, 1사이트당 7x8m로 넉넉한 편이다. 전기·수도 시설뿐만 아니라 공동화장실, 취사장, 주차장 시설 등이 완비되어 있다. 특히 여름철에는 만발한 무궁화꽃을 감상할 수 있는 유일한 캠핑장이다.

주변에 무궁화테마식물원, 에코어드벤처, 밀리터리파크, 만경강수생과학관, 무궁화품종원, 휴양림이 조성되어 있어 다양한 레저활동을 선호하는 캠퍼들에게 안성맞춤이다.

02

03

05

04

푸른 나무와 맑은 공기 속에서 즐거움을 만끽할 수 있는 레저휴양지가 고산자연휴양림이다. 낙엽송, 잣나무, 리기다소나무 등이 빽빽이 들어선 조림지와 활엽수, 기암절벽 등에서 삼림욕을 하며 호젓한 휴식을 취하기에는 더없이 좋은 곳이다.

반면 온 가족과 친구들이 함께 즐길 수 있는 에코어드벤처가 있어 즐거움을 찾는 이들에게도 만족감을 준다.

고산자연휴양림 Gosan Natural Recreation Forest

가족과 함께 에코어드벤처의 짜릿함을 만끽하다

전라북도 완주군 고산면 고산휴양림로 246 | 063-263-8680
http:// rest.wanju.go.kr

1 고산면 전경. 사계절의 모습이 다채롭다.
2 휴양림에서 한 가족이 식사를 하고 있다. 호젓한 휴식을 취하기에 더없이 좋은 곳이다.
3 **4** 휴양림에 조성되어 있는 에코어드벤처 시설을 이용하는 관광객. 가족이 모두 즐길 수 있는 시설이다.

고산문화공원 Gosan Culture Park

재미가 있는 휴양지

전라북도 완주군 고산면 고산휴양림로 89 | 063-290-2762
http:// camp.wanju.go.kr

고산문화공원은 캠핑족들에게는 즐거운 추억을 만들어주는 곳이다. 국내에서 제일 큰 무궁화테마 식물원이 있고, 만경강수생생물체험과학관, 무궁화천문대, 투어바이크, 무궁화오토캠핑장, 밀리터리파크 등 수많은 볼거리가 있다. 만경강수생생물체험과학관은 만경강의 생태계를 한눈에 볼 수 있고, 4D 영상관에서는 특수 효과를 통해 입체 영상을 사실적으로 보는 재미가 있다. 서바이벌 게임 경기장인 밀리터리파크에서는 BB탄 총알을 사용하지만 안전해서 신 나게 놀 수 있다. 무궁화테마 식물원은 우리나라 최대의 무궁화식물원이고, 천문대에서는 낮에도 태양의 흑점, 홍염 등을 관측할 수 있다.

1 캠핑장의 모습
2 밀리터리파크에서 경기를 하고 있는 관광객들의 모습. 첨단 채점 방식으로 즐거움을 안겨 준다.
3 무궁화테마식물원. 우리나라 최대의 나라꽃식물원이다.
4 무궁화천문대. 낮에도 이용할 수 있다. 단 10명 이상 예약이 되어야 한다.

전라북도 완주군 고산면 대아저수로 385 | 063-261-7373
http://www.changpovil.com

고산 창포마을 Gosan Changpo Village

창포의 마을 · 대아호를 낀 청정 지역

캠핑장에서 그리 멀지 않은 고산 창포마을은 국내에서는 유일하게 창포를 집단으로 재배(4천 1백여 평)하는 곳이다. 특히 농약을 사용하지 않아 반딧불, 땅강아지, 두더지 등을 볼 수 있을 정도로 청정 자연을 자랑한다. 창포마을답게 창포 천연비누를 만들거나 손수건에 천연염색을 하는 체험도 있다. 또 국내에서 유일한 다듬이연주단은 수준급의 타악 연주 실력을 보여 준다.

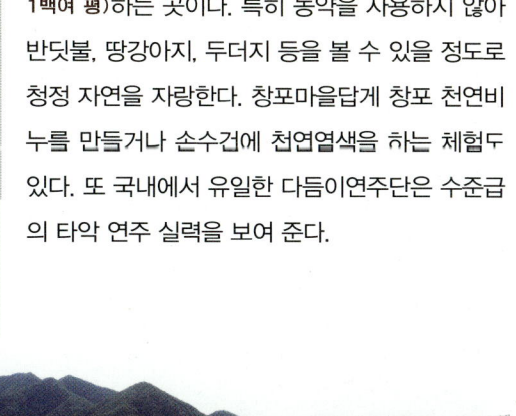

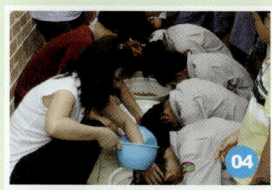

❶ 맑고 깨끗한 청정 지역을 자랑하는 마을의 전경. 대아호를 끼고 있어 더욱 아름답다.
❷ 마을에서 고구마를 캐는 관광객들. 청정 자연을 자랑하는 지역이어서 안심하고 농촌 체험을 할 수 있다.
❸ 마을 주민들의 다듬이연주 공연
❹ 창포마을에서 빼놓을 수 없는 창포물로 머리 감기
❺ 만경강달빛축제. 음력 1월 15일 정월대보름에 펼쳐진다.

고산미소시장 Gosan Miso Market

고향의 맛과 젊은 입맛이 공존하는 곳

전라북도 완주군 고산면 남봉로 134 | 063-262-0119

창포마을에서 10여 분 동안 대아호에서 나온 물이 흐르는 만경강의 풍경에 취하다 보면 어느새 시골장터인 고산미소시장이 나온다.

고산미소시장은 문화관광형 시장으로 완주 지역의 특산물을 판매하고 있는데, 전통 재래음식이나 완주 특유의 음식도 맛볼 수 있다. 이곳에도 카페가 있고 분식집도 있어서 입맛에 맞는 음식을 다양하게 골라먹을 수 있다. 먹거리뿐만 아니라 수제비누 만들기, 나무잠자리 만들기, 김치 담그기, 짚신 꼬기 등의 체험도 있어서 시장을 구경하는 재미를 더해 준다.

1️⃣ 고산미소시장에 있는 완주한우협동조합
2️⃣ 정겨운 고산미소시장의 모습

만경강생태공원 Mangyeonggang Ecological Park

자연 생태를 체험할 수 있는 공간

전라북도 완주군 고산면 (고산미소시장 주차장에서 도보 5분 거리)

만경강 상류지역의 생태라는 녹색관광 자원을 이용해서 만경강을 테마로 한 축제와 문화, 휴식의 공간을 마련한 곳이 바로 만경강생태공원이다. 자전거길과 산책로가 잘 갖춰진 만경강 수변 생태공원은 계절마다 해바라기, 코스모스가 장관을 이룬다.

7

부모님을 위한 효도 여행에 딱 좋은 코스

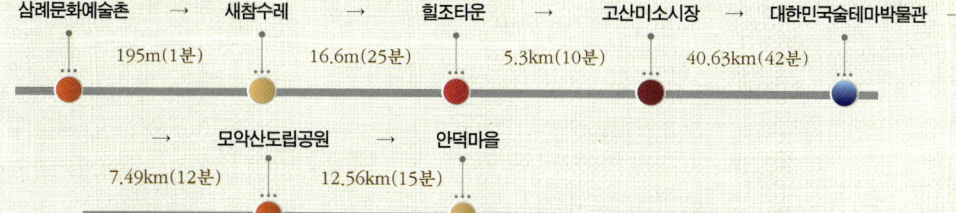

삼례문화예술촌 → 새참수레 → 힐조타운 → 고산미소시장 → 대한민국술테마박물관 →
195m(1분)　　16.6m(25분)　　5.3km(10분)　　40.63km(42분)

→ 모악산도립공원 → 안덕마을
7.49km(12분)　　12.56km(15분)

[삼례문화예술촌] 일제 강점기 수탈의 상징이었던 삼례양곡창고를 개조해 회화와 디자인 작품, 책 관련 가구 등을 관람하는 예술촌으로 탈바꿈했다. 옛 풍경을 보면서 우리 역사를 회고해 보는 의미 있는 여행지다.

[삼례 새참수레] 슬로푸드 뷔페식의 웰빙 식당이다. 직접 재배한 친환경 식재료를 사용하고, 지역의 농산물을 이용하고 있어 인기 만점이다.

[비봉 힐조타운] 1만여 평에 펼쳐지는 불빛축제(산속여우빛축제)는 추억을 만들고 싶은 부모님에게도 즐거운 곳이다. 또 수소테라피, 족욕, 찜질방, 둘레길 등 힐링 시설로 부모님들에게 더욱 사랑받는 힐링 명소이다.

[고산미소시장] 부모님들이 좋아할 만한 장터에는 고향의 향수에 젖을 수 있는 먹거리는 물론이고 요즘 간식거리도 있다. 다양한 만들기 체험에서는 부모님들이 오랜만에 손재주를 발휘해 볼 수 있다.

[대한민국술테마박물관] 세계적으로 이름난 전통주를 한 번에 둘러볼 수 있다. 또 술을 즐기던 과거 세대의 일상이 재현되어 있어 부모님들에게는 추억을 떠올리게 하는 곳이다.

[전라북도 모악산도립공원] 역사적 유물들과 볼거리가 많고 경치가 아름다워 호남 4경으로 꼽힌다. 가벼운 산행도 즐길 수 있다.

[구이 안덕마을] 편안한 휴식을 얻을 수 있는 힐링 마을이다. 황토한증막에서 쉼을 얻고, 산책을 하면서 아름다운 주변 경치를 감상하면 심신의 휴식을 얻을 수 있다.

삼례문화예술촌에서는 현대적인 미술과 독특한 디자인 작품들도 만날 수 있지만 과거의 모습이 재현된 전시관이 있어서 노부부들에게 인기 있는 관람지다. 무엇보다도 책의 100년사를 그대로 볼 수 있는 책 박물관과 김상림 목공소에 전시되어 있는 옛날 목공 도구들을 보면서 추억에 젖어볼 수 있다. 문화카페에는 옛날 커피와 관련된 물건들이 전시되어 있다. 일제강점기에 양곡창고로 쓰던 건물을 보면서 과거의 역사를 반추하게 되는 계기가 된다.

전라북도 완주군 삼례읍 삼례역로 81-13 | 070-8915-8121~32
http://www.srartvil.kr

삼례문화예술촌 Samnye Culture Art Village

역사와 문화가 어우러진 예술체험 여행

1 삼례문화예술촌의 전경. 옛 모습이 그대로 살아 있다.
2 삼례문화예술촌 문화카페 건물
3 책 박물관의 모습. 예전에 만들어진 수많은 책들을 볼 수 있다.
4 책공방 북아트센터. 나만의 책을 만들 수 있다.
5 VM아트갤러리에 전시된 작품

삼례 새참수레
Samnye Saechamsure

친환경 재료의 슬로푸드 뷔페

전라북도 완주군 삼례읍 삼례역로 73 | 063-261-4279

삼례문화예술촌을 둘러본 뒤 가까이에 있는 새참수레(삼례점)에서 점심식사를 할 수 있다. 새참수레는 농가레스토랑으로 6차 산업화 모델로 각광받고 있는 노인일자리전담기관 완주시니어클럽에서 3차 산업의 일환으로 운영하고 있다.

현대인의 음식문화를 고려한 건강 웰빙식을 내놓고 있으며, 오감을 즐겁게 하는 서비스를 지향한다. 직접 재배한 친환경 재료와 지역의 농산물을 이용하고 있다. 슬로푸드 뷔페식의 메뉴로 구성된 새참수레는 줄서서 기다려 먹을 정도로 인기만점이다.

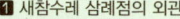

1 새참수레 삼례점의 외관
2 새참수레에서 나오는 요리
3 새참수레는 주변도 아름다워서 식사 후에 잠시 휴식을 갖기에도 좋은 곳이다.

비봉 힐조타운 Bibong Healjo Town

환상적인 빛의 매력에 빠지다

전라북도 완주군 비봉면 천호로 235-38 | 1899-5852
http://www.healjo.co.kr, http://www.huesikhae.com

힐조타운에서는 환상적인 불빛쇼와 건강한 수소 테라피를 체험할 수 있다. 이곳에서는 밤이면 1만여 평의 정원에 '산속여우빛축제'라는 화려한 불빛축제가 펼쳐진다. 꽃과 나무가 불빛 속에서 신비롭게 반짝이고, 아름다운 구조로 만들어진 불빛이 잊지 못할 추억을 안겨 준다.

힐조타운에는 넓고 쾌적한 편백홀과 7개의 수소 테라피룸이 마련되어 있다. 체계적인 과정을 통해 수소와 산소를 마시고 몸속의 활성산소를 제거하면 몸이 회복되는 느낌을 받을 수 있다. 이 외에도 파장수 족욕, 수소테라피, 건강한 식사도 맛볼 수 있어서 노부부들이 찾기에 매우 좋은 여행 코스다.

1 힐조타운의 아름다운 전경
2 낮에 보는 힐조타운의 정원. 넓고 아름답게 펼쳐진 1만여 평의 자연정원에서 몸과 마음을 편안하게 치유하는 시간을 가질 수 있다.
3 힐링 족욕 공간. 6개의 특수 필터를 통과시켜 만든 파장수로 모공 속의 노폐물을 제거하여 촉촉함을 느낄 수 있다.

고산미소시장은 예전 시골장터의 정취가 느껴지는 곳이다. 약 30여 개의 상가가 입주해 있어 여행객들의 배고픔을 달래 준다. 완주에서 나는 여러 물품들과 특산물도 판매한다.

다기와 찻상, 목공제품을 다루는 창작공방부터 수제비누, 나무잠자리 만들기, 김치 담그기, 짚신 꼬기 등을 체험하는 곳이 있어서 부모님들이 재미난 추억을 만들어갈 수 있다.

고산미소시장 Gosan Miso Market

고향의 맛과 웰빙 음식을 먹는 곳

전라북도 완주군 고산면 남봉로 134 | 063-262-0119

① 고산미소시장에서 먹을 수 있는 한우. 완주의 한우고기는 육즙이 풍부하고 식감이 부드러운 것으로 유명하다.
② 고산미소시장에서 열리는 이벤트. 이벤트 시기를 맞춰 가면 더 재미난 여행이 된다.
③ 고산미소시장 상인과 쇼핑객들

대한민국술테마박물관 Theme Museum of Korean Liquor

풍류와 여유가 가득한 우리 술 문화를 배우는 공간

전라북도 완주군 구이면 덕천전원길 232-58 | 063-290-3842

http://sulmuseum.kr

01

과거에는 막걸리 한 사발로 힘든 직장 생활을 이겨냈다. 그런 추억을 되살려 놓은 곳이 대한민국술테마박물관이다. 재현관에 가면 예전에 소박하게 술을 즐기던 모습이 그대로 재현되어 있어 뭉클한 감동이 느껴진다.

대한민국술테마박물관에는 한국 전통주를 비롯해 술과 관련된 유물 5만여 점이 전시되어 있다. 아울러 전통주와 와인, 맥주 등을 직접 빚어보는 체험 실습실도 있다.

02

03

04

05

1 박물관 전경. 2015년에 개관했고 다목적홀, 체험실습실, 발효숙성실, 야외무대가 있다. 또 전시관으로는 수장형 유물전시관, 입체영상관, 술의 재료와 제조관, 대한민국 술의 역사와 문화관, 주점재현관, 전통주 르네상스관, 세계의 술, 향음문화체험관이 있다.
2 **3** 주점재현관. 우리 삶의 일부였던 1960년대 대폿집과 1990년대 호프집이 재현되어 있다.
4 수장형 유물전시관. 5만여 점의 다양하고 방대한 유물이 주제별로 전시되어 있다.
5 전통 술 제조 과정을 전시해 놓은 모습

산의 경치가 빼어나 부모님들이 아름다운 산을 감상하며 천천히 산행하기에 좋다. 모악산은 완주군, 전주시, 김제시에 걸쳐 넓게 펼쳐진 산으로 해발 793m가 되는 산 정상에 서면 전주 시가지가 한 눈에 들어오는데 그야말로 장관이다.

또 모악산에는 한국 거찰의 하나인 금산사를 비롯한 많은 문화유적이 있다.

전라북도 모악산도립공원 Jeollabukdo Moaksan Provincial Park

전주 시가지가 한눈에 내려다보이는 장관을 보여준다

전라북도 완주군 구이면 모악산길 91 | 063-290-2752

① 가을의 모악산. 역사적 유물과 볼거리가 많아 호남 4경이라고 불린다.
② 모악산과 구이저수지 전경. 그야말로 그림 같은 절경이다.
③ 모악산 입구. 붉은 단풍이 아름답다.
④ 진달래화전축제의 한 장면

구이 안덕마을 Gui Andeok Village

한옥황토방에서 몸과 마음의 여유를 찾고

전라북도 완주군 구이면 정자길 72 | 063-227-1000
http://www.poweranduk.com

이 마을은 부모님들이 좋아하는 황토한증막으로 매우 유명하다. 전통 구들방식의 한증막은 한약재를 우려낸 물로 황토를 비벼서 몸 안의 노폐물이 잘 배출된다고 한다. 또 아름다운 마을을 둘러보며 눈의 호강도 할 수 있다. 청정 자연에서 들이킬 수 있는 맑은 공기로 몸이 상쾌해진다.

한방향기주머니를 직접 만들 수도 있는데, 이 주머니를 집에 걸어두면 불면증이나 두통에 매우

좋다. 또 인절미와 두부 만들기 체험으로 부모님이 오랜만에 솜씨를 발휘할 기회도 가져볼 수 있다.

편의시설이 잘 갖춰진 숙박시설도 마련되어 있고, 신선한 로컬푸드를 맛볼 수 있는 농가레스토랑도 있다.

1 안덕마을이 자랑하는 황토한증막의 내부. 여행의 피로를 풀 수 있다.
2 한방향기주머니를 만드는 장면. 집에 걸어놓으면 불면증이나 두통에 좋다.
3 숙박시설. 한옥으로 지어져 친근한 느낌이 든다.
4 웰빙식당. 건강하고 맛있는 요리로 입맛을 돋운다.

8

아이들도 재미난 역사 문화 여행 코스

역사를 알고 체험해 보다

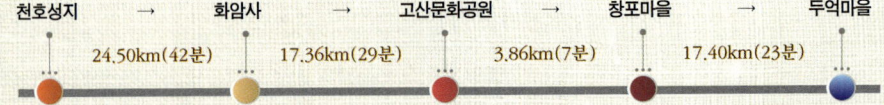

천호성지 → 화암사 → 고산문화공원 → 창포마을 → 두억마을

24.50km(42분) 17.36km(29분) 3.86km(7분) 17.40km(23분)

[비봉 천호성지] 4명의 성인과 열 명의 순교자들이 묻혀 있는 한국 가톨릭의 대표 성지로, 우리나라 가톨릭 초기 역사의 현장이다. '천호가톨릭성물박물관'에서는 각종 성물을 직접 보고 신앙의 경건함과 신비를 체험할 수 있다.

[경천 화암사] 아이들에게 오랜 것이 아름답다는 역사의 가치를 제대로 보여 줄 만한 천년사찰이다. 사찰의 고색창연함이 아이들의 마음까지 사로잡는다.

[고산문화공원] 서바이벌 게임을 할 수 있는 밀리터리파크, 우리나라 최대의 무궁화테마식물원, 별을 관찰할 수 있는 무궁화천문대, 4D의 만경강수생생물체험과학관이 있다.

[고산 창포마을] 우리 조상들이 머리를 감았던 창포를 대량으로 재배하는 마을이다. 국내 유일의 다듬이연주단은 이 마을만의 자랑이다. 주민들이 직접 채취한 산나물로 요리한 들녘밥상을 맛볼 수 있다.

[용진 두억마을] 과거시험, 학당 등 선비 문화 체험도 할 수 있고, 전통놀이를 통해 우리 조상들의 문화를 체험할 수 있는 곳이다.

비봉 천호성지 Bibong Cheonho Holy Ground

가톨릭 순교의 역사가 담긴 성지

전라북도 완주군 비봉면 천호성지길 124 | 063-263-1004
천호가톨릭성물박물관 063-262-0801
http://www.cheonhos.org

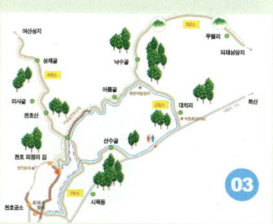

대원군의 박해를 피해 숨어든 가톨릭 신자들이 개간한 천호성지. 이곳에서는 우리나라 천주교 150여 년의 순교 역사를 볼 수 있다. 아이들은 이곳에서 천주교 박해의 역사와 우리나라의 개화기에 관심을 가지게 될 것이다. 〈천호가톨릭성물박물관〉에 있는 여러 성물들을 통해 가톨릭의 경건함을 느낄 수 있다.

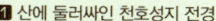

1 산에 둘러싸인 천호성지 전경
2 천호성지. 경치가 매우 아름다운 성지로 손에 꼽힌다.
3 품안길 순례 안내도. 다양한 코스로 즐길 수 있다.
4 박물관에 전시된 성물. 가톨릭의 역사가 담겨 있다.

경천 화암사 Gyeongcheon Hwaamsa Temple

산속에서 만나는 깊은 역사

전라북도 완주군 경천면 화암사길 271 | 063-261-7576

화암사는 작지만 어떤 절보다도 많은 역사적 사료를 가지고 있어서 아이들에게 보여 줄 게 많은 사찰이다. 건축물의 역사는 백제 시대로까지 올라간다. 하앙식 건축물인 극락전은 백제의 양식으로 우리나라에서는 이곳 극락전에만 유일하게 남아 있어서 국보(제316호)로 지정받았다. 일본에는 하앙식 건축물이 많은데 중국에서 넘어간 것이라고 주장한다. 하지만 이 극락전이 백제를 거쳐 갔다는 근거가 되어주기 때문에 매우 귀중한 사료가 된다. 또 이곳에는 보물 제662호인 우화루, 적묵당과 전라북도 유형문화재 제40호인 동종, 문화재로 지정된 괘불도가 보관되어 있다. 화암사에 오르기 전 싱그랭이 마을(**경천 요동마을**)에서 화암사 야생 숲길 체험을 이용하면 숲 해설과 화암사의 역사에 대한 설명을 들을 수 있다.

1 국내 유일의 하앙식 건축물로 국보 제316호로 지정받은 극락전. 하앙이란 처마를 더 넓히기 위해 지붕 아래 더 이어둔 나무판을 말한다. 또 극락전의 하앙은 건물 앞쪽은 용의 머리 모양, 건물 뒤는 꼬리 모양이어서 더욱 이채롭다.
2 화암사를 올라가는 돌계단 입구
3 화암사에 도착하면 보이는 건물로 바로 보물 제662호로 지정된 '우화루'다. 꽃비 흩날리는 누각이라는 뜻의 우화루는 조선 광해군 3년(1611년)에 세워졌다. 큰 대문이 없어 관광객을 맞이하고 있는 듯한 느낌을 준다.

고산문화공원에는 아이들이 흥분할 만한 시설들이 많다. 온라인 게임의 확장판인 서바이벌 전략 게임을 할 수 있는 밀리터리파크가 대표적이다. 약 1시간에 걸친 게임을 통해 아이들에게 큰 재미를 안겨줄 수 있다. 이 외에도 우리나라 최대 무궁화식물원인 무궁화테마식물원, 만경강의 생태를 한눈에 볼 수 있는 만경강수생생물체험과학관, 별을 관찰할 수 있는 무궁화천문대, 함께 자전거를 타고 갈 수 있는 투어바이크가 있어 다양한 재미와 볼거리를 제공한다. 9월에 열리는 와일드푸드축제는 아이들에게는 더욱 신 나는 여행의 추억을 선사한다.

고산문화공원 Gosan Culture Park

아이들이 열광하는 재미 가득한 공원

전라북도 완주군 고산면 고산휴양림로 89 ｜ 063-290-2762
http://camp.wanju.go.kr

1 9월에 열리는 와일드푸드축제의 한 장면. 아이들이 신 나는 물고기 잡기 체험을 하고 있다.
2 만경강수생생물체험과학관. 4D 체험관으로 실감나는 재미를 느낀다.

고산 창포마을 Gosan Changpo Village

단오와 창포의 마을

전라북도 완주군 고산면 대아저수로 385 | 063-261-7373
http://www.changpovil.com

01

창포마을에서는 매년 음력 1월 15일 정월대보름에 만경강달빛축제를 열어 그 해의 풍년을 기원하고, 마을공동체의 화합과 단합을 꾀한다. 또 매년 음력 5월 5일에는 잊혀가는 3대 명절인 단오제를 재현한다. 단오제는 마을 수호와 재액 방지를 위한 것으로, 창포물로 머리를 감기도 했다.

창포마을에는 깨끗한 청정 창포가 있어서 창포물로 머리를 감을 수 있고, 창포비누 만들기도 체험할 수 있다. 마을 자체가 청정 지역이어서 흔히 볼 수 없는 반딧불, 땅강아지, 두더지도 볼 수 있다.

특히 이 마을은 다듬이연주단이 다듬이를 타악기 삼아 두드리는 연주로 유명하다. 고령의 할머니들로 구성된 연주단의 연주를 들을 때마다 절로 신명이 난다.

1 맑고 깨끗한 청정 지역을 자랑하는 마을의 전경
2 마을 주민과 관광객이 함께 신 나게 다듬이를 두드리고 있는 모습
3 아이들이 손수건에 천연염색을 하면서 즐거워하고 있다.
4 농촌 체험을 하는 장면. 청정 지역이라서 농약 걱정 없이 아이들이 놀 수 있다.
5 창포마을에 있는 숙박 가능한 시설

용진 두억마을 Yongjin Dueok Village

한국 최고의 명당에서 선조들의 문화를 배우다

전라북도 완주군 용진읍 두억길 13-12 | 063-247-0050
http://cafe.daum.net/happybongse

컴퓨터 게임만 게임인 줄 아는 요즘 아이들에게는 몸으로 노는 게임이 낯설다. 두억마을은 아이들에게 우리 선조들이 즐기던 놀이를 통해 한민족임을 기억하고 공동체 의식도 배울 수 있는 곳이다.

우리나라 8대 명당인만큼 산수가 빼어나며 봉서학당, 과거시험 재연과 전통놀이 체험이 있어서 아이들에게 우리 문화를 새미있게 제득할 수 있게 한다.

또 봉서농원에서 참나무숯불구이와 건강식 시

골밥상까지 맛보면 아이들의 몸도 건강해진다. 이 마을에서는 주민이 직접 체험지도사로 나서 숲에 대해 알려주고 우리 자연의 가치를 깨우쳐 준다.

산과 나무로 둘러싸인 전통 한옥에서 숙박도 가능하다.

1 활쏘기를 하면서 즐거워하는 아이와 어른들. 누구나 전통놀이를 즐길 수 있다.
2 용진 두억마을의 전경. 명당에 자리한 마을로 다양한 체험을 제공한다.
3 과거시험을 체험해 보는 아이들
4 농산물 수확 체험을 하는 아이들

8

아이들도 재미난 역사 문화 여행 코스

아픔이 있는 역사를 따라가는 여행

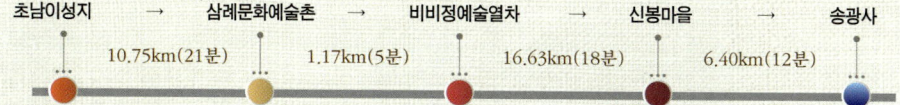

초남이성지 → 삼례문화예술촌 → 비비정예술열차 → 신봉마을 → 송광사

10.75km(21분)　　1.17km(5분)　　16.63km(18분)　　6.40km(12분)

[이서 초남이성지] 호남 천주교의 발상지다. '호남의 사도'라고 불리는 유항검의 생가터이기도 한 이곳은 천주교인들의 순교 현장으로 천주교의 성지다.

[삼례문화예술촌] 일제 강점기 수탈의 상징이었던 삼례양곡창고는 지금까지 남아 있는 역사의 현장이다. 우리 수탈의 역사를 눈으로 체험하고, 그 안에 전시된 회화 작품, 디자인과 책 관련 가구 등을 관람할 수 있다.

[삼례 비비정예술열차] 만경강 철교는 호남 땅에서 생산된 쌀을 싣고 일제의 부를 축적했던 수탈의 흔적이다. 이 철교 위에 멈춰 서 있는 열차는 예술열차로 탈바꿈했다. 이곳에서 낙조에 물든 강과 평야를 바라보면 안락함과 평화로움을 느낄 수 있다.

[용진 신봉마을] 마을 주민이 만든 민요합창단은 매우 유명하다. 이 합창단을 통해 민요를 배우며 우리 가락의 흥겨움을 체험할 수 있다.

[소양 송광사] 신라 때 건축되었다는 천년사찰이다. 보물 문화재 4점을 포함, 한국 사찰의 멋을 제대로 감상할 수 있다. 4월에는 주변 벚꽃길, 여름에는 연꽃이 빼놓을 수 없는 구경거리다.

'호남의 사도'라고 불리는 유항검의 생가터이자 호남의 천주교 발상지로 유명하다. 유항검(아우구스티노)은 1784년 이승훈에게 아우구스티노라는 세례명으로 세례를 받고 내려와 가족들에게 세례를 주었으며, 김제, 금구, 고창, 영광에 이르기까지 복음을 전하였다.

1975년 주문모 신부가 이곳에 내려와 미사를 집전하고 유항검과 교회의 여러 현안들을 논의하였는데 선교사 영입과 신앙의 자유를 위해 '대박청례운동'을 주도하였고 1801년 신유박해 때 체포되어 대역무도죄로 사형 선고를 받아 9월 17일 풍남문 밖에서 능지처참형으로 순교하였다. 이때 그의 모든 재산은 몰수되었으며, 그의 집은 허물어져 연못이 되었는데 현재 일부가 복원되어 있다.

유항검의 아들 유중철과 며느리 이순이가 이곳 초남리에서 세계에서 유래를 찾아볼 수 없는 동정부부의 삶을 4년 동안 살았다. 유항검의 일가 중 7명이 순교하였는데 이들의 유해는 바우배기에 모셔져 있다가 1914년 지금의 치명자산으로 이장하였다. 초남이성지는 호남 천주교 발상지로 전동성당과 더불어 천주교 성지로 인정받고 있다.

삼례문화예술촌은 우리나라의 아픔의 역사가 남아 있는 곳이다. 양곡 수탈이라는 뼈아픈 역사를 대변하는 건물은 보는 것만으로도 숙연한 마음이 드는 역사공부를 위한 필수 코스다.

전시장으로 탈바꿈한 건물 안의 모습은 전라북도의 예술의 방향을 가늠할 수 있는 곳일 뿐만 아니라, 회화는 물론이고 아이들에게도 익숙한 미디어를 통한 예술 작품도 전시되어 있다. 책과 관련된 가구들과 100년 동안 제작된 책들이 전시되어 있어서 책의 역사와 문화의 흐름을 한눈에 볼 수 있다.

전라북도 완주군 삼례읍 삼례역로 81-13 | 070-8915-8121~32
http://www.srartvil.kr

삼례문화예술촌
Samnye Culture Art Village

아픔의 역사가 예술 문화 공간으로 탈바꿈하다

1 삼례문화예술촌의 입구

2 삼례문화예술촌의 VM아트갤러리. 회화와 미디어 작품 등이 전시되어 있다.

3 책 박물관의 모습. 예전에 만들어진 수많은 책들을 볼 수 있다.

4 책공방 북아트센터. 책 제작이 재현된다.

삼례 비비정예술열차

Samnye Bibijeong Art Train

만경강을 내려다볼 수 있는 문화예술열차

전라북도 완주군 삼례읍 비비정길 73-21 | 063-211-7788

만경강 철교는 1928년 일본이 호남지방의 농산물을 빼돌리기 위한 방편으로 준공한 다리인데, 당시 한강철도에 이어 두 번째로 긴 다리였다.

이런 만경강 철교 위에 만들어진 비비정예술열차에서 식사를 하다가 만경강의 낙조를 보게 되면 만경강과 호남평야에 펼쳐지는 신비한 아름다움에 넋을 잃게 될 것이다.

1 비비정예술열차의 모습
2 낙조 때의 열차 전경. 열차 안에서 바라보는 낙조는 장관이다.
3 멀리서 바라본 비비정예술열차
4 열차 안 레스토랑

우리는 흥겨운 민요의 가락을 얼마나 알까. 민요는 우리 민중들의 음악이지만 정작 우리는 서양식 대중가요나 클래식에 젖어 살면서 민요를 들을 기회도 거의 없고, 있어도 민요가 주는 즐거움을 모르는 경우가 많다. 그런데 용진 신봉마을에는 마을 주

용진 신봉마을 Yongjin Shinbong Village

신명 나는 민요를 제대로 알 수 있는 곳

전라북도 완주군 용진읍 온곡신봉길 14-2 | 063-717-7700(사)마을통

민이 만들어 더욱 유명해진 민요합창단이 있다. 60세 이상 할머니 15명으로 구성된 이 민요합창단은 쟁쟁한 실력으로 전라북도만이 아니라 전국적으로 이름을 떨치고 있다. 그들이 부르는 민요를 들으면 신명 나는 우리 가락에 '좋다!'를 연발하고 절로 어깨춤을 추게 되며, 민요의 참맛에 빠져들게 된다.

아이들에게는 마을 벽에 그려져 있는 3D 벽화를 배경으로 사진을 찍는 재미도 있다. 또 마을 주민들이 만든 무성영화 관람과 수수가루로 빚은 떡에 콩고물이나 팥고물에 묻힌 수수떡을 만들어 먹는 재미도 있다.

1 신봉마을 전경
2 전국적으로도 유명한 민요합창단의 공연
3 4 마을 담장에 그려진 벽화. 온 마을 담장에 벽화가 그려져 있어서 사진 찍는 재미가 있다.

전라북도 완주군 소양면 송광수만로 255-16
http://songgwangsa.or.kr ｜ 063-241-8090

소양 송광사

Soyang Songgwangsa Temple

볼거리가 많은 아름다운 천년사찰

송광사는 신라 도의선사가 지었다는 천년사찰이다. 아담한 규모지만 보물로 등록되어 있는 문화재 4점(대웅전, 대웅전 내 소조석가여래삼불좌상 및 복장 유물, 종루, 사천왕상)과 전북 유형문화재 5점이 있어 역사 공부를 할 수 있는 곳이다. 대웅전에는 독특하

게 세 불상이 모셔져 있으며, 이는 조선시대 불상 중 가장 큰 삼불상이다. 특히 나라가 어려울 때마다 땀을 흘린다고 해서 더 유명하다.

종남산을 배경으로 한 사찰 내 경관이 매우 아름답다. 이 외에도 4월 초면 송광사로 가는 길 약 2km 구간에 벚꽃터널이 만들어져 봄나들이를 하려는 젊은이들이 많이 찾는다. 또 여름에는 우리나라 사찰에서 가장 큰 규모의 연꽃이 피어나 연인들이 탐스러운 꽃망울에 취할 수 있는 데이트 코스로 꼽힌다.

1 송광사 대웅전. 아담하면서도 주변의 경치가 좋고, 보물로 지정된 문화재가 많다.
2 송광사 전경. 신라 도의선사가 지었다고 하는 천년사찰이다.
3 송광사의 겨울. 설경이 감탄을 자아낸다.
4 송광사 경내의 봄꽃이 만개한 전경

9

완주의 9경(景)

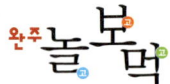

완주 놀고 보고 먹고

Jeollabukdo Daedunsan Provincial Park

제1경(景) 전라북도 대둔산도립공원

노령산맥의 한 자락에 굽이굽이 이어지는 기암괴석의 절경

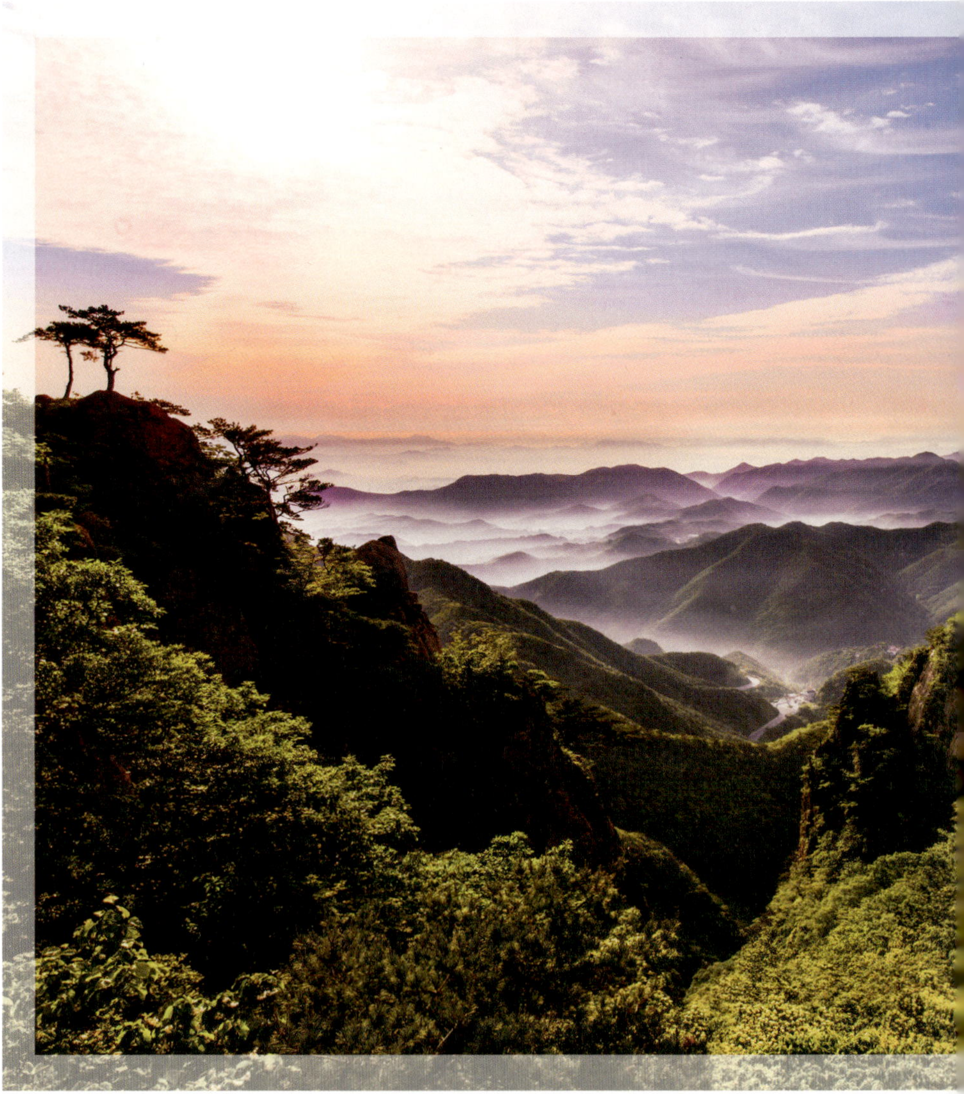

호남의 금강산이라고 불리는 대둔산은 4계절 내
내 등산객의 발길이 끊이지 않는 곳이다. 대둔산
에서는 군지구름다리, 수락폭포, 마천대, 대둔산
승전탑, 선녀폭포, 낙조대, 석천암, 수락리 마애불
이 대둔 8경으로 유명하다. 케이블카를 이용할 수
있고, 케이블카와 구름다리에서는 대둔산의 수려
함을 한눈에 볼 수 있다. 또 대둔산 아래 수락캠
핑장이 마련되어 있어 가족 캠핑도 가능하다.

제2경(景) 고산자연휴양림

Gosan Natural Recreation Forest

온 세대가 즐길 수 있는 레저휴양지

푸른 나무와 맑은 공기 속에서 즐거움을 만끽할 수 있는 레저휴양지다. 낙엽송, 잣나무, 리기다소나무 등이 빽빽이 들어선 조림지와 활엽수, 기암절벽이 만들어낸 최고의 경치를 자랑한다. 더구나 삼림욕을 하며 호젓한 휴식을 취하기에 더없이 좋다. 또 숙소를 이용하거나 캐러밴이나 야영지를 이용할 수도 있어서 가족 캠프나 단체 캠프에도 최적지다. 특히 온 가족과 친구들이 함께 모험을 즐길 수 있는 에코어드벤처 시설도 있다.

제3경(景) 전라북도 모악산도립공원

Jeollabukdo Moaksan Provincial Park

호남평야를 바라보는 완주의 어머니 같은 산

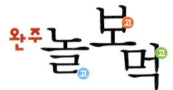

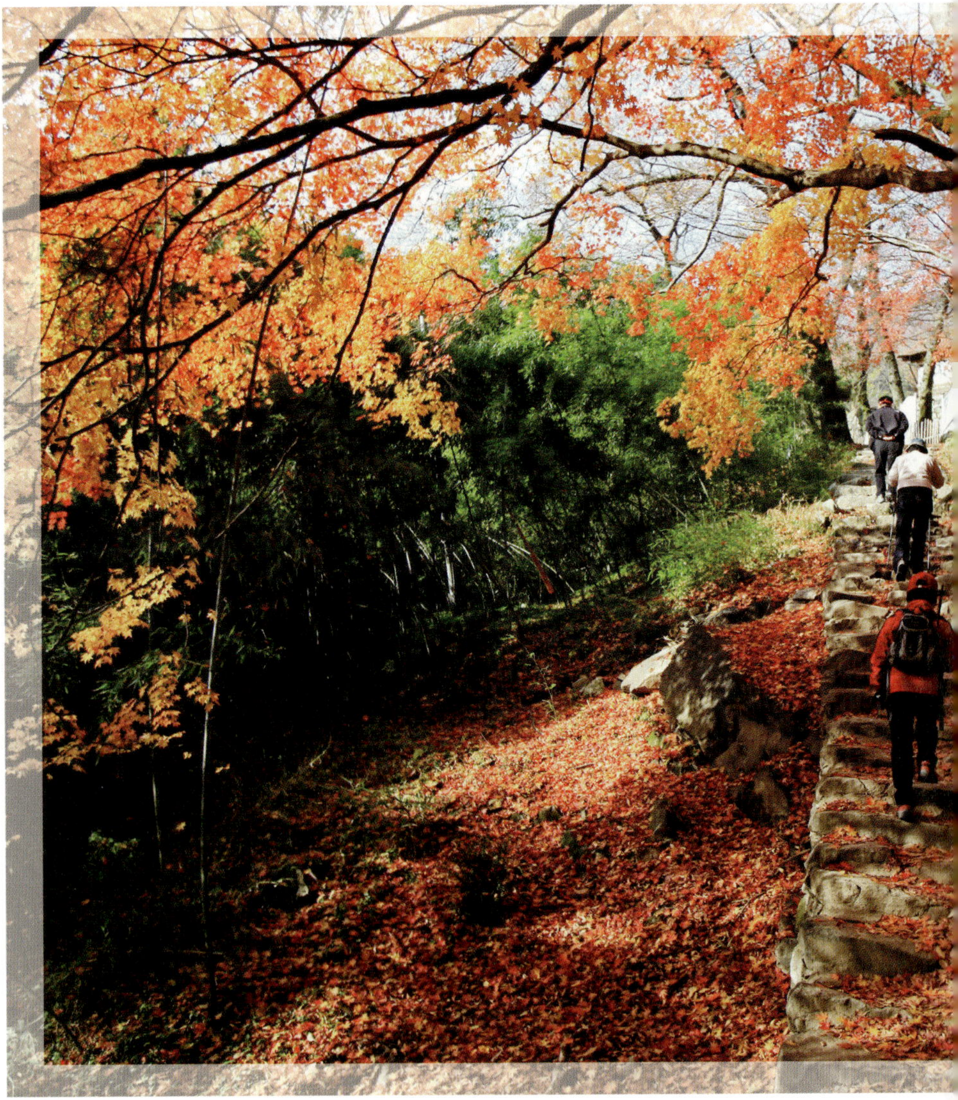

모악산은 완주군, 전주시, 김제시에 걸쳐 넓게 펼쳐진 산으로, 빼어난 경관으로 인해 완주 3경이 되었다. 정상에 서면 전주시만이 아니라 남쪽으로는 내장산, 서쪽으로는 변산반도, 그 사이에 호남평야가 치맛자락처럼 널찍이 펼쳐져 장관을 이룬다. 또 모악산에는 한국 사찰의 하나인 금산사와 대원사를 비롯한 많은 문화유적이 있다. 4월에 열리는 진달래화전축제가 유명하며, 5월에는 완주 프로포즈축제가 개최된다.

완주 놀고 보고 먹고

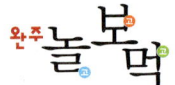

제4경(景) 전라북도 대아수목원 & 대아호

Jeollabukdo Daea Arboretum & Daea lake

천상의 꽃과 물을 담아낸 곳

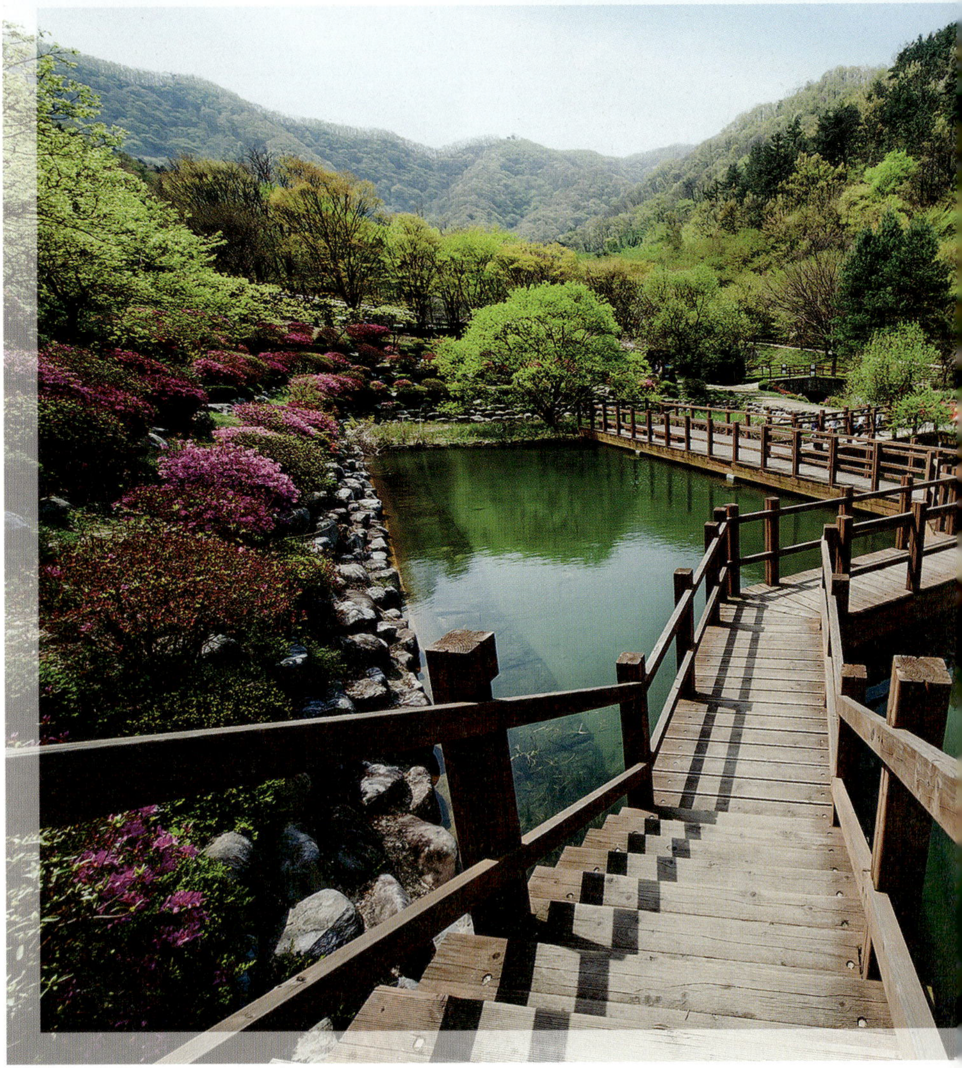

기암절벽을 거느린 운장산과 능선이 부드러운 위봉산계곡을 막아 생긴 대아호는 경관이 빼어나 차를 세우고 사진을 찍지 않을 수 없다. 특히 아름다운 낙조와 호반길을 따라 달리는 드라이브 코스는 전국적으로 알려져 있다. 대아호에서 시작된 물길은 만경강을 따라 호남평야를 적시고 서해로 흘러간다.

대아수목원은 식재종 및 원예종 등을 포함하여 총 2,683종과 산림청이 지정한 희귀 및 특산식물도 135종이나 있다. 3~4월에는 튤립꽃, 6~8월에는 백합꽃과 붓꽃류, 9~11월에는 꽃무릇(석산)과 국화꽃이 만발해 사진 찍기에 최고로 좋은 장소다. 또 이곳에는 파고라, 그네, 조각물 등 조형물들이 한데 어우러져 있어 휴식 공간으로도 좋다.

완주 놀고 보고 먹고

Soyang Songgwangsa Temple & Cherry Blossom Walkway

제5경(景) 소양 송광사 & 벚꽃길

천 년 세월의 고혹한 미가 면면히 흐르다

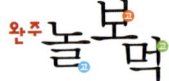

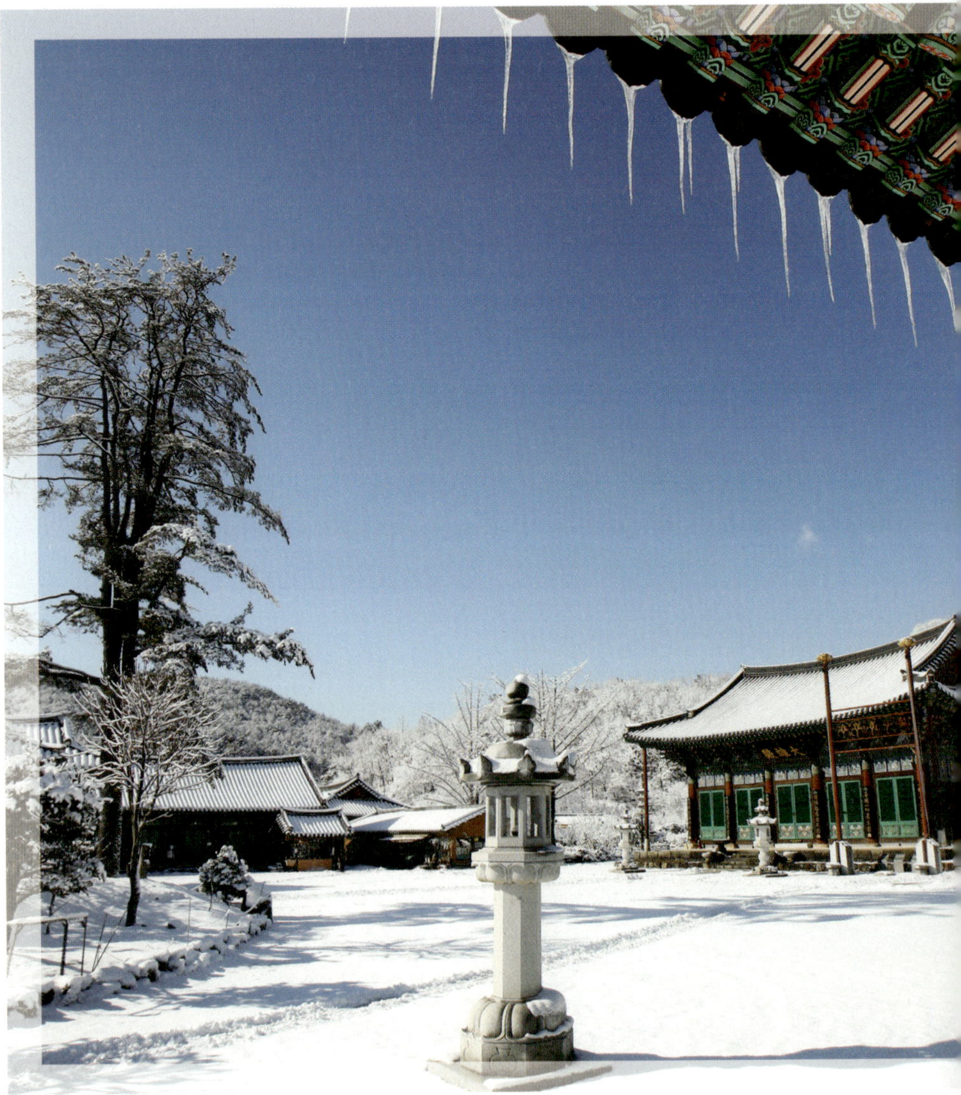

신라 도의선사가 지었다는 천년사찰 송광사. 규모가 아담해 소박한 느낌이지만 대웅전(보물1243), 종루(보물1244), 소조삼불좌상 및 복장유물(보물1274), 소조사천왕상(보물1255)과 전북 유형문화재 5점이 있어 역사적 가치가 높다. 송광사는 종남산을 배경으로 한 사찰 경관이 매우 아름답다. 이 외에도 4월 초면 송광사로 가는 길 약 2km 구간에 벚꽃터널이 만들어져 많은 이들에게 사랑받고 있다.

완주 놀고 보고 먹고

제6경(景) 삼례문화예술촌 & 비비정

Samnye Culture Art Village & Bibijeong

수탈의 흔적이 예술 문화 공간으로 탈바꿈하다

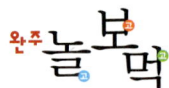

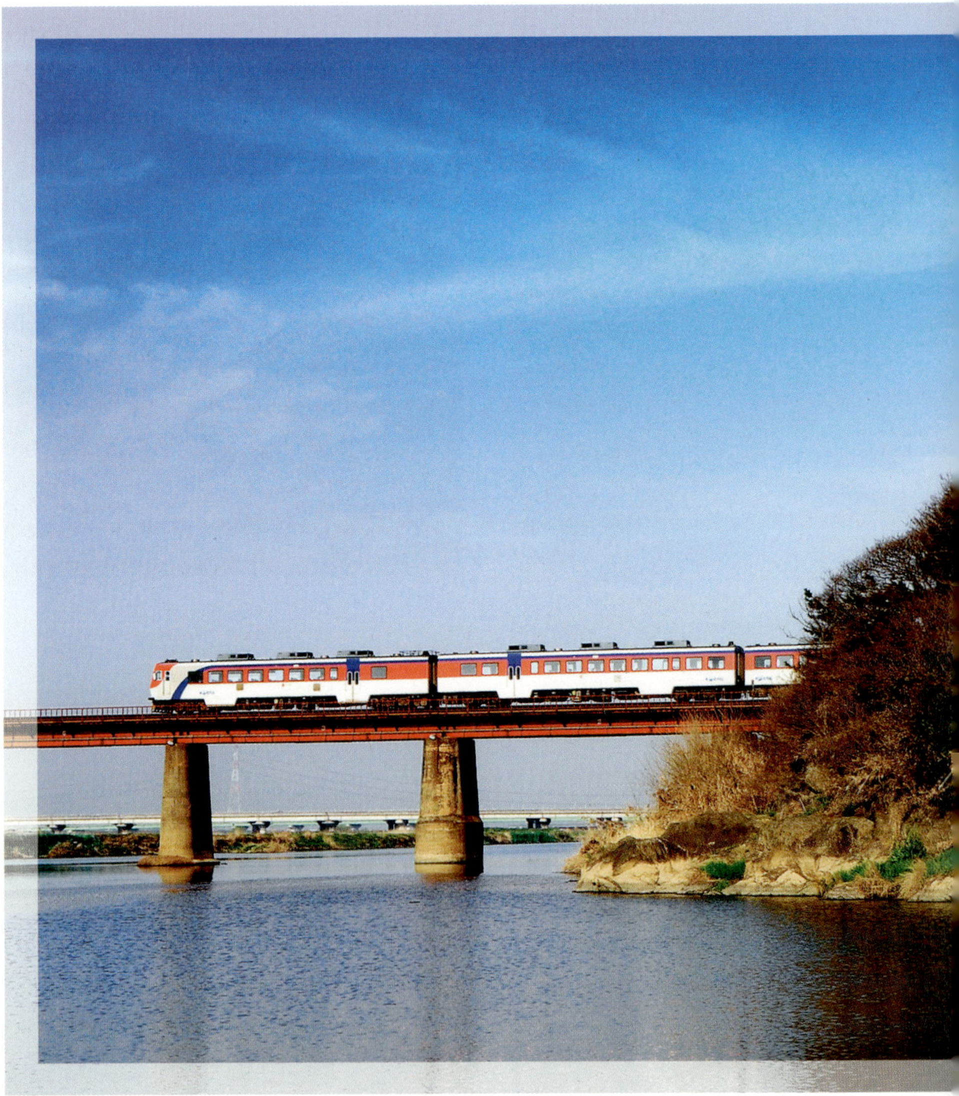

일제 강점기에 지어진 삼례양곡창고는 일본이 우리 땅에서 나는 곡물을 수탈해가던 장소다. 이 창고가 지금은 '삼례와 전라북도 예술'을 보여 주는 삼례문화예술촌으로 탈바꿈했다. 건물 밖에는 재미있는 전시 작품들을 볼 수 있고, 건물 안에 있는 갤러리, 문화카페, 목공소, 책 박물관 등에서는 현대 예술품을 감상할 수 있다.

Dongsang Unjangsan Valley

제7경(景) 동상 운장산계곡

사람의 발길이 닿지 않는 원시림을 간직하다

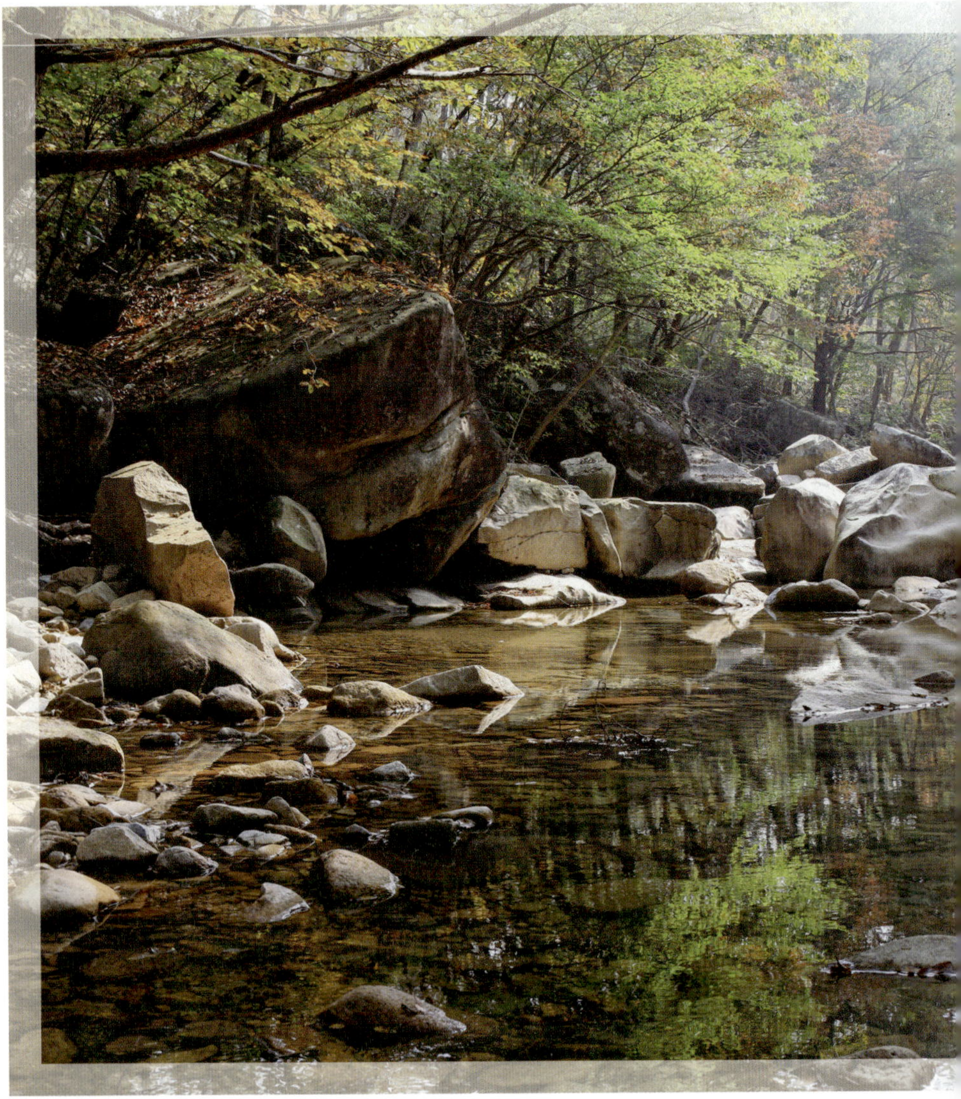

완주군 동쪽 끝에 노령산맥의 주봉, 운장산이 있다. 위봉산과 운장산 사이의 대아호를 감고 돌아가는 우리나라 오지 중의 하나로 계곡이 깊고 여름이면 계곡의 맑은 물을 찾아 피서인파가 몰려든다. 휴양림 건너편에 있는 통나무집 산장 뒤로 30분 정도 협곡을 타고 위덩굴로 오르면 높이 9m의 절벽에서 비류직하하는 폭포수와 아직도 사람의 발길이 닿지 않은 원시림이 있다.

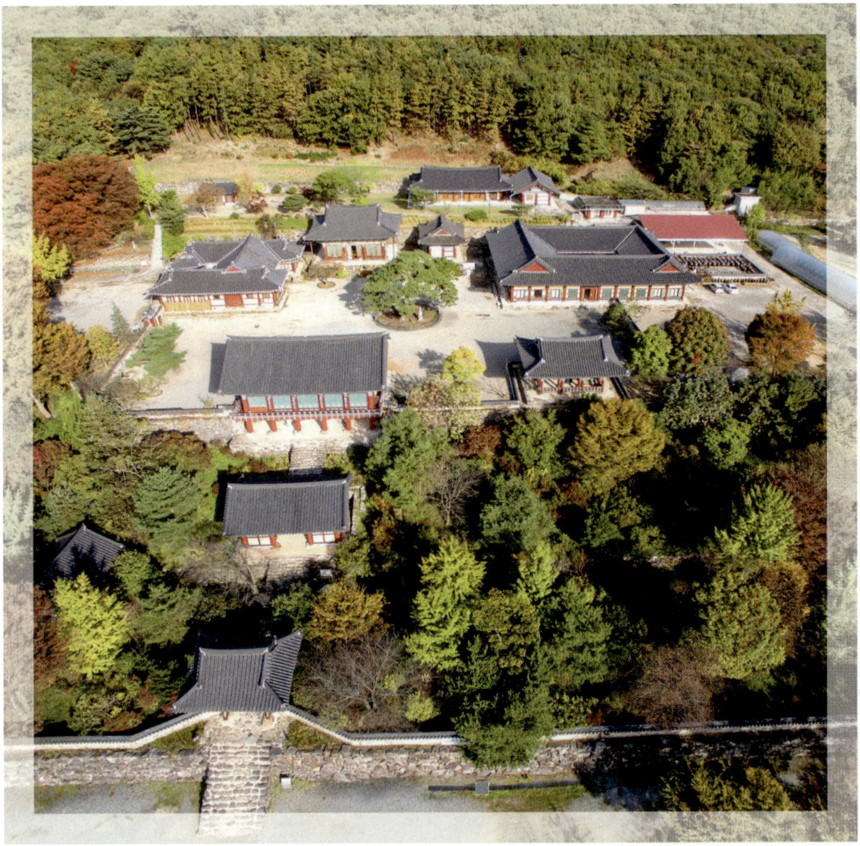

위봉산 중턱에 있는 위봉사는 사찰 건물과 주변 풍경이 정말 잘 어울리는 사찰이다. 이곳은 웅장한 보광명전 지붕의 용마루가 유명한데, 위봉산의 부드럽고 완만한 능선 자락과 조화롭다. 이 사찰의 입구에서 바라보는 위봉산의 풍경이 너무나 아름다워 절로 감탄이 쏟아져 나온다.

800미터쯤 내려가면 완주에서도 손꼽힐 정도로 풍광이 뛰어난 위봉폭포를 만날 수 있다. 울창한 숲에 둘러싸여 깎아지른 절벽을 타고 흘러내리는 높이 60m의 2단 폭포인 위봉폭포의 절경은 완주 9경의 하나이다. 위봉폭포는 사계절마다 다른 색과 다른 모습을 보여 주는 절경 중에 절경이다.

위봉사와 위봉폭포를 둘러싸고 있는 위봉산성은 조선 숙종 1675년에 쌓은 포곡식 산성(계곡을 감싸 안은 산줄기를 따라 쌓은 산성을 말함)으로 전주 경기전과 조경묘에 있는 태조의 초상화와 선대의 위패를 옮기려고 축조했다. 원래 총 둘레가 16km에 달하며, 폭 3m에 높이 4m로 만들어져 3곳의 성문과 8개의 옆문이 있는 대규모 산성이었지만 지금은 전주로 통하는 서문만 유일하게 남아 있다.

Gyeongcheon Hwaamsa Temple

제9경(景) 경천 화암사

산속에서 만나는 고색창연한 사찰

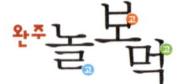

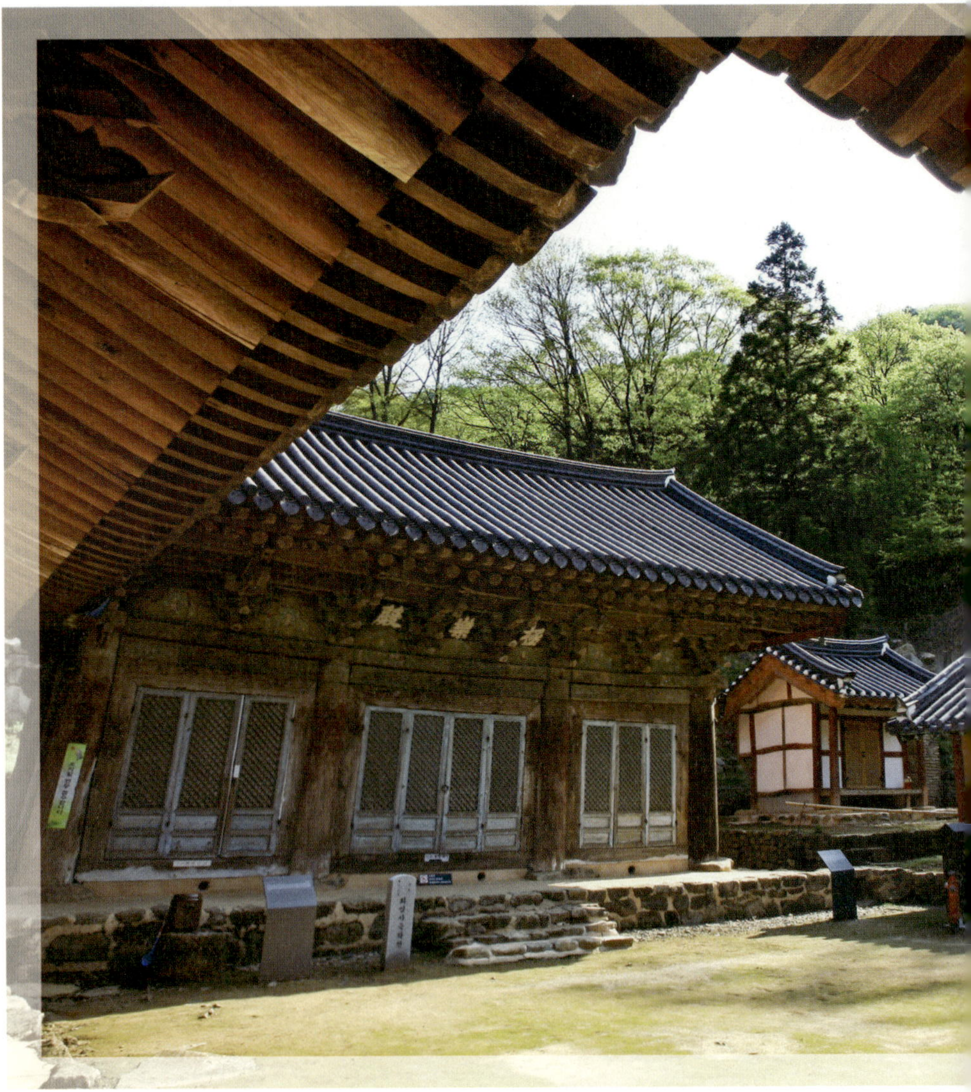

산속의 보물이라 할 화암사는 때묻지 않은 고색
창연함을 보여 주는 고찰이다. 사찰에서 바라보는
불명산은 아늑함 그 자체이다. 화암사에는 국내에
서는 유일한 하앙식 건축물로 국보로 지정된 극락
전이 있고, 보물로 지정된 우화루, 적묵당, 그리고
전라북도 유형문화재인 동종, 문화재로 지정된 괘
불도가 보관되어 있다.

Ⅲ
chapter

완주에서 먹어보자

여행에서 먹는 재미를 빼놓을 수 없다.
청정 재료로 사람들의 입맛을 돋울 완주
의 맛을 소개한다.

곶감 임금님에게 바친 진상품

Gotgam

완주곶감은 식감이 부드럽고 입안에서 살살 녹는 맛이 일품이어서 전국적으로 가장 유명하다. 곶감은 껍질을 벗겨 말린 감을 말하는데, 건시(乾柿)라고도 한다. 경천, 동상, 운주 지역에서 생산되는 곶감은 청정 자연에서 자란 감나무에서 수확한 감으로 만든다. 찬이슬이 맺히기 시작하는 시기인 한로(寒露, 양력 10월 8일~9일)를 전후해 감을 수확하며, 이 감을 정성스럽게 깎아 50일 정도 자연 건조해서 고품질 곶감을 생산하고 있다.

일교차가 큰 지역적 특성을 이용해 자연 숙성 과정을 거치는 동안 떫은 맛이 모두 사라져 최고의 당도를 자랑한다. 그래서 꿀 밀(蜜)자를 써서 '밀수(蜜水)감'이라고도 불렀다.

당도가 높은 이 감은 조선시대 임금 고종에게 진상품으로 바쳤다고 해서 '고종시(高宗柿)'라고도 했다. 가을에 완주에서 유명한 트래킹 코스인 고종시마실길을 걸으면 이 감나무 향기를 맡으며 기분 좋은 산보를 할 수 있다.

매년 12월이 되면 완주곶감 축제가 열려 곶감도 맛보고 직접 저렴한 가격으로 구매하고, 곶감을 이용한 다양한 음식도 맛볼 수 있다.

Ginger

우리나라에서 생강을 최초로 재배한 지역이 바로 완주 봉동이다. 고려시대에 신만석이라는 사람이 중국에서 생강 씨앗을 가져와 전국을 돌아다니며 '봉'자가 붙은 땅을 찾다가 봉동에서 재배에 성공했다고 한다. 황토 빛깔 점질토양에서 생산되는 봉동 생강은 뿌리가 크고 섬유질이 적어서 씹는 맛이 연한 게 특징이다. 대신 생강 특유의 향이 강렬하고 포도당 함량이 매우 높아서 양념용, 가공용, 약용으로 널리 쓰인다.

봉동 생강은 한때 전국 생산량의 50% 이상을 차지할 정도로 생강의 원산지다. 현재 재배 면적은 약 200ha로 우리나라 재배 면적의 10%를 상회하고 있어서 단일 지역으로는 가장 많은 고품질 생강 생산 지역이다. 특히 2010년에는 특허청의 지리적 표시제로도 등록됐다. 지리적 표시제도는 보성 녹차, 보르도 포도주 등과 같이 특정 지역의 우수 농산물과 그 가공품에 지역명 표시를 할 수 있도록 해서 생산자와 소비자를 보호하는 제도다.

딸기　아삭하고 부드러운 삼례 딸기

Strawberry

이른 봄철에 전라북도 지역에서 생산되는 딸기는 생산지에 따라 삼례 딸기인가 아닌가로 구별된다. 그만큼 삼례 딸기는 아삭하면서도 부드러운 식감과 딸기 고유의 당도가 풍부해서 오랫동안 많은 사람들의 입맛을 사로잡아 왔다.

3월 말이 되면 삼례에서는 삼례 딸기를 알리는 '딸기축제'가 성대하게 열린다. 축제에서는 아이들과 함께 딸기를 직접 수확하는 즐거운 체험을 해 볼 수 있고, 각종 딸기 가공식품을 만들어 보는 재미도 있다. 즉석 경매로 싼값에 딸기를 구입하면 기쁨이 두 배다.

Hanwoo

완주군 화산면과 고산면에서는 우량의 송아지 품종을 도입해서 무공해 사육 여건을 조성하고 친환경 사료를 쓰기 때문에 우리나라 최고 등급의 한우를 생산한다.

한편으로 한우 사육농가들도 협동조합과 영농조합법인을 자발적으로 만들어 직거래 체제를 구축했기 때문에 소비자들은 시중보다 30~40% 싼값에 양질의 소고기를 구입할 수 있다. 특히 고유의 풍미가 고스란히 살아 있는 무항생제 한우로 전국적인 명성을 떨치고 있는 고산미소한우는 '한우협동조합 1호'로 인증되어 전국 협동조합과 생산자 단체들의 벤치마킹 대상이 되고 있다.

대추 찬이슬 맞으며 건조되는 최적의 재배지

Jujube

완주군 경천면과 고산면 일대는 토질과 기후가 대추 재배의 최적지로, 이 지역에서 생산되는 대추는 알이 굵고 당도가 매우 높다.

완주 대추는 고산지대의 찬이슬을 맞으면서 건조되기 때문에 붉은 광택 또한 으뜸이다. 한방에서는 대추를 조혈제나 안정제로 처방한다. 대추는 식이섬유, 각종 비타민과 미네랄을 풍부하게 함유하고 있어 노화 방지와 항암 효과가 높다.

최고의 품질로 유명세를 얻다 **양파**

Onion

완주 양파는 당구공처럼 둥글고 단단하다. 아삭한 첫 맛은 매콤하고, 중간 맛은 달콤한데 입안에 퍼지는 끝맛이 상쾌하다. 얇은 껍질에는 붉은 광택이 흐르며 오랫동안 보관해도 쉬 물러지지 않는다. 특히 고산면 지역에서 생산되는 양파는 품질의 우수성을 널리 인정받아 국내 굴지의 대형 백화점과 마트, 유명 중국음식점에도 대량 납품하고 있다. 매해 고산미소시장에서 '양파·마늘 축제'가 열리며 축제 행사장에는 이틀 동안 3,000여 명에 이르는 관광객이 찾아 성황을 이룬다.

완주의 8품(品)

마늘 항암에 탁월한 알리신 함유량 풍부

Garlic

완주군에서 생산되는 마늘은 알이 굵고 매끈하며, 빛깔이 곱고 특유의 톡 쏘는 향이 강해서 품질의 우수성을 전국적으로 인정받고 있다.

마늘에 있는 알리신이라는 성분은 항암 효과가 탁월하다. 알리신은 피부와 장기의 노화 방지는 물론 각종 성인병 예방에도 도움을 준다. 완주 마늘은 이 알리신의 함유량이 풍부해 더욱 유명하다. 특히 마늘을 먹으면 기생충이 없어지고 어류의 독을 풀며 여름철 식중독을 예방할 수 있어 여름철에 좋은 음식이다. 완주군에서는 마늘 생산 농가에 주아재배로 얻은 우량 종구를 보급함으로써 지역 마늘 산업 경쟁력을 높이고 있다.

Persimmon Vinegar

완주 감식초는 친환경으로 재배한 고종시에서 추출한 원액을 사용한다. 이 원액을 황토 발효방에서 전통 방식에 따라 3년 이상의 숙성 과정을 거쳐 생산하기 때문에 고품질 명품 감식초로 전국적인 명성을 얻고 있다. 특히 완주군에서는 농협이 중심이 되어 100퍼센트 지역에서 생산된 감으로 프리미엄급 유기농 감식초를 생산하고 있어, 식초 본연의 맛뿐 아니라 발효음료로도 많은 이들에게 사랑받고 있다.

완주의 8미(味) 1미

Roasted Hanwoo beef & Yukhoe

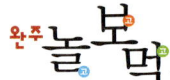

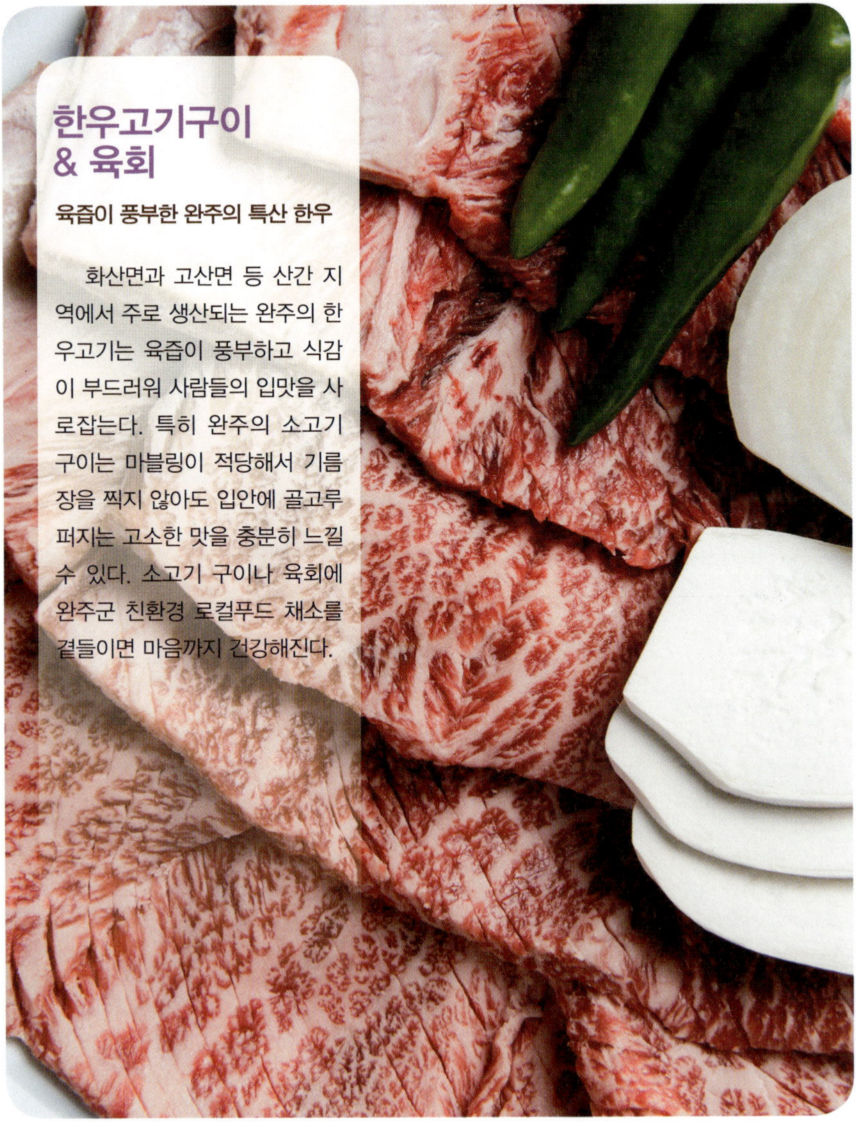

한우고기구이 & 육회

육즙이 풍부한 완주의 특산 한우

화산면과 고산면 등 산간 지역에서 주로 생산되는 완주의 한우고기는 육즙이 풍부하고 식감이 부드러워 사람들의 입맛을 사로잡는다. 특히 완주의 소고기 구이는 마블링이 적당해서 기름장을 찍지 않아도 입안에 골고루 퍼지는 고소한 맛을 충분히 느낄 수 있다. 소고기 구이나 육회에 완주군 친환경 로컬푸드 채소를 곁들이면 마음까지 건강해진다.

순두부백반

온몸에 퍼지는 얼큰한 맛

완주군 소양면 화심에서는 순두부찌개의 진수를 맛볼 수 있다. 화심의 순두부찌개는 부드러운 순두부에 맛깔스럽게 양념한 돼지고기와 바지락을 넉넉하게 넣어서 맛을 낸다.

여기에 입에 감도는 얼큰한 맛에 몽글몽글한 순두부 콩 본연의 고소한 맛이 전해진다. 바지락의 통통하고 달달한 맛에 매콤한 고추기름을 첨가해서 애주가들의 해장용으로도 그만이다.

완주로컬푸드

무공해 식재료로 차려낸 건강식단

모악산의 〈해피스테이션〉, 봉동과 삼례의 〈새참수레〉, 삼례의 〈비비정 농가레스토랑〉
에서는 로컬푸드의 본고장 완주군 지역에서 생산되는 식재료로 상을 차려낸다. 이곳에
서는 제철에 나는 식재료로 조리한 음식이어서 언제든 특별한 맛을 볼 수 있다.

해피스테이션

완주군 구이면 쪽 모악산 등산로 입구의 채식
뷔페 〈해피스테이션〉에는 비빔밥 재료를 별도
로 준비한 테이블 세팅, 오방색의 다섯 가지 나
물로 만들어 먹는 무 오색 쌈, 야채 볶음밥 등
신선하고 자극적이지 않은 음식이 특징이다.

새참수레

〈새참수레〉는 봉동읍과 삼례읍에 있다. 봉동읍
에는 2층짜리 아담한 건물 두 층을 모두 식당
으로 운영하고, 삼례읍은 단층으로 운영하는데,
차분하고 모던한 실내 분위기가 돋보인다. 인근
에 사는 할머니 조리사들이 20여 가지 메뉴를
만들어 한식 뷔페로 차려낸다. 정갈한 음식이
가을꽃처럼 소박하고 맛깔스럽다.

비비정 농가레스토랑

삼례읍의 〈비비정 농가레스토랑〉에 가면 깔끔
하게 한 상 가득 차려진 전통 한정식을 만날 수
있다. 풍미 가득한 신선한 채소로 무친 나물요
리, 직접 담근 장으로 요리한 각종 무침과 찌개
들, 햇살 담은 아삭한 과일 후식까지 모두 친환
경 로컬푸드다.

4미 **Mugeunji Dakbokkeumtang**

묵은지닭볶음탕
묵은지와 토종닭의 찰떡궁합

토막 낸 닭고기와 묵은지에 감자, 양파, 대파를 넣고 매운 고추장 양념에 끓이는 묵은지닭볶음탕은 사계절 음식이다. 토종닭으로 요리하는 완주의 묵은지닭볶음탕은 살코기 속에 밴 매콤한 맛과 묵은지의 새콤한 맛이 조화를 이루어 입맛이 절로 돈다.

완주의 8미(味) 5미

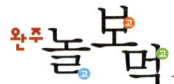

Sanchae Jeongsik & Sanchae Bibimbap

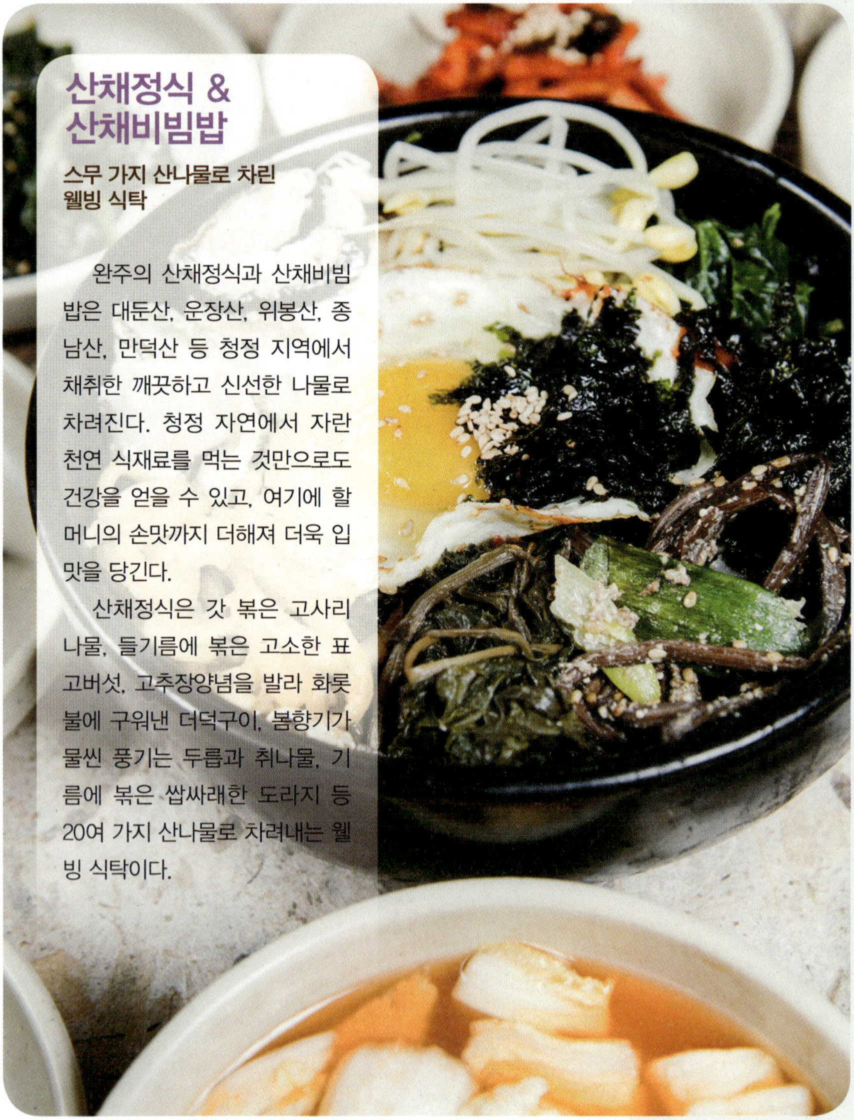

산채정식 & 산채비빔밥

스무 가지 산나물로 차린 웰빙 식탁

완주의 산채정식과 산채비빔밥은 대둔산, 운장산, 위봉산, 종남산, 만덕산 등 청정 지역에서 채취한 깨끗하고 신선한 나물로 차려진다. 청정 자연에서 자란 천연 식재료를 먹는 것만으로도 건강을 얻을 수 있고, 여기에 할머니의 손맛까지 더해져 더욱 입맛을 당긴다.

산채정식은 갓 볶은 고사리 나물, 들기름에 볶은 고소한 표고버섯, 고추장양념을 발라 화롯불에 구워낸 더덕구이, 봄향기가 물씬 풍기는 두릅과 취나물, 기름에 볶은 쌉싸래한 도라지 등 20여 가지 산나물로 차려내는 웰빙 식탁이다.

민물매운탕
개운해지는 국물 맛이 일품

완주의 민물매운탕은 완주의 깨끗한 물에서 사는 메기, 쏘가리, 동자개, 피라미 등에 말린 시래기를 듬뿍 넣고 끓여내기 때문에 뼛속까지 개운해지는 국물 맛으로 미식가들의 입맛을 만족시켜 준다. 또 후식으로 나오는 누룽지는 구수하고 담백하다. 숙취제거에도 뛰어나 해장국으로도 많이 애용된다.

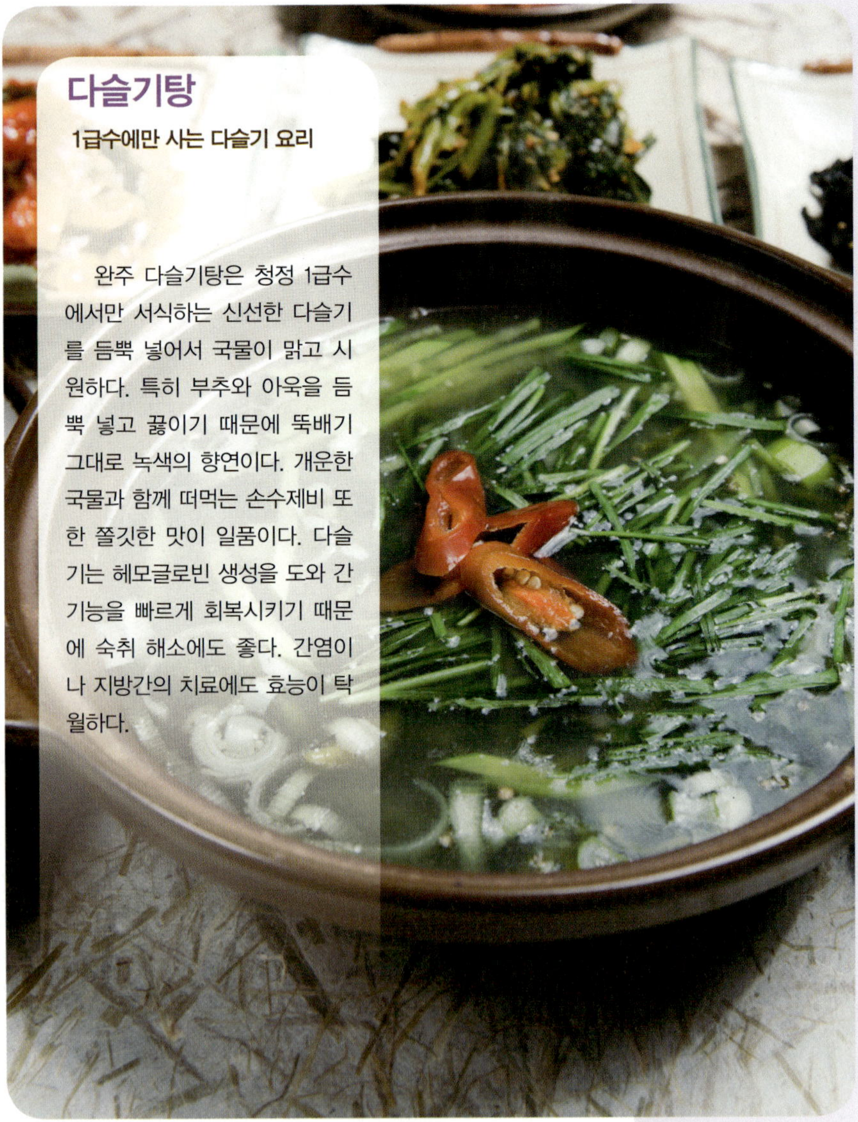

다슬기탕

1급수에만 사는 다슬기 요리

완주 다슬기탕은 청정 1급수에서만 서식하는 신선한 다슬기를 듬뿍 넣어서 국물이 맑고 시원하다. 특히 부추와 아욱을 듬뿍 넣고 끓이기 때문에 뚝배기 그대로 녹색의 향연이다. 개운한 국물과 함께 떠먹는 손수제비 또한 쫄깃한 맛이 일품이다. 다슬기는 헤모글로빈 생성을 도와 간 기능을 빠르게 회복시키기 때문에 숙취 해소에도 좋다. 간염이나 지방간의 치료에도 효능이 탁월하다.

참붕어찜
짭쪼름한 무청 시래기로 졸인 별미

경천저수지, 구이저수지, 대아 저수지, 동상저수지, 상관저수지 등 청정 저수지가 많은 완주군에서 는 이곳을 중심으로 오래 전부터 특색 있고 맛깔스러운 참붕어찜을 요리해 왔다. 완주의 참붕어찜은 무청 시래기를 듬뿍 넣고 고추장양 념을 더해 매콤하고 짭쪼름하게 졸 여 낸다. 참붕어찜의 살코기를 뭉 텅뭉텅 발라 입안에 넣으면 부드러 운 식감이 입안 가득 퍼진다.

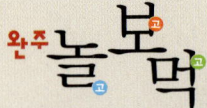

Local Food Booth &
Farm-to-Table Dining

우리의 입맛을 살려줄 완주 유명 요리점들

1. 고산미소한우

대표 메뉴 : 소고기구이, 육회비빔밥, 갈비탕(한정)

고산미소 정육점에서 고기를 구입한 후 2층 식당에서 상차림으로 맛있는 고기를 맛볼 수 있다. 친환경 방식으로 사육한 우수한 품질의 한우를 저렴한 가격에 맛볼 수 있다. 특히 완주군 한우 사육농가가 함께 키우고 함께 판매하는 전북 1호 협동조합이다.

특징 : 투어패스는 비빔밥만 할인. 1층 정육식당 판매는 21:00까지. 갈비탕은 한정 판매
주소 : 전라북도 완주군 고산면 남봉로 135
연락처 : 063-261-4088
영업 시간 : 11:00 ～ 20:30

2. 골목집

대표 메뉴 : 한정식

깔끔하고 푸짐한 완주의 한정식을 먹을 수 있다.

특징 : 예약 필수. 주말에는 미리 예약해야 하고 평일에는 당일 예약이 가능하다(19:00까지 예약 가능).
주소 : 전라북도 완주군 고산면 고산로 97-5
연락처 : 063-262-5176
영업 시간 : 12:00 ～ 19:00

3. 기양초

대표 메뉴 : 부추전, 다슬기부추돌솥밥

나트륨을 배제하고 천연조미료를 사용해 만든다는 장인 정신으로 금산사 〈조선솔〉에서 재배한 싱싱한 부추를 사용한다. 진안, 순창, 강진산 다슬기는 언제나 신선함을 유지하고 있다. 그리고 다슬기밥은 돌솥밥으로, 된장찌개와 부추무침이 곁들여지는 깔끔하고 정갈한 반찬은 기본이다.

특징 : 일요일 휴무
주소 : 전라북도 완주군 소양면 송광수만로 508
연락처 : 063-247-6667(예약 가능)
영업 시간 : 11:30 ~ 19:00

4. 대승가든

대표 메뉴 : 김치닭볶음탕

보글보글 끓는 새빨간 국물 속에 잠긴 살코기와 숙성된 김치, 간이 잘 밴 감자까지 맛난 토종닭볶음탕이 매력만점이다.

특징 : 개인 경조사 및 명절 외 연중 무휴
주소 : 전라북도 완주군 소양면 대승길 7
연락처 : 063-243-1516
영업 시간 : 10:00 ~ 21:30

5. 백궁가든

대표 메뉴 : 메기어탕, 새우탕, 묵은지닭볶음탕

푸근한 집밥과 정이 담긴 반찬들이 나오고 보양식으로도 손색이 없고 비린내가 전혀 없는 얼큰한 맛이 일품인 메기어탕과 메기매운탕이 대표 메뉴다. 또 얼큰한 매운탕을 다 먹은 후에는 구수하고 시원한 누룽지가 나온다.

특징 : 매월 2, 4주 일요일 휴무
주소 : 전라북도 완주군 봉동읍 서정길 6
연락처 : 063-261-7133
영업 시간 : 11:30 ~ 21:00

6. 번지농장

대표 메뉴 : 아구찜

산속의 아구찜 전문식당 번지농장은 4kg 이상의 아구를 엄선하여 사용하고 있다. 급랭된 아구를 단 한 번의 해동 노하우로 녹여서 사용해 생선살이 쫄깃하고 부드럽다. 또한 누구도 모방할 수 없는 소스의 노하우로 특별한 맛을 선물하며 돌판에 올라와 있는 매운 양념 자박한 아구찜은 다 먹은 후 밥을 비벼 먹으면 최고다.

특징 : 번지농장 돌판 아구찜의 본점으로 직접 재배한 야채를 사용한다.
주소 : 전라북도 완주군 화산면 화산남로 218 – 83
연락처 : 063–261–4642(전화 예약 가능)
영업 시간 : 11:30 ～ 21:00

7. 새참수레 삼례점

대표 메뉴 : 농가 뷔페

새참수레는 보건복지부 지정 고령자 친화기업인 시니어 클럽에서 운영하며 노인인력을 활용하고 지역 농산물을 식재료로 활용한 한식 뷔페로 신선하고 건강한 식당이다. 새참수레 주변은 전라북도 대표 관광지로 삼례문화예술촌을 비롯해, 비비정예술열차 등 많은 볼거리가 있다.
60세 이상 노인들로 구성된 주방 담당은 옛날 어머니들의 맛을 느낄 수 있으며 어르신들에게 양질의 일자리를 제공해 지역 경제에도 기여하고 있다.

특징 : 매주 일요일, 매월 첫째주 월요일 휴무 / 일요일 단체 30인 이상 예약 시 가능
주소 : 전라북도 완주군 삼례읍 삼례역로 73
연락처 : 063–261–4279
영업 시간 : 11:30 ～ 14:00

8. 시골밥상

대표 메뉴 : 한정식

정갈하고 수수한 시골밥상이 푸짐하게 차려진다. 아침 7시부터 장을 봐서 준비하며 정성을 다해 준비한다.

특징 : 예약제로 운영되며 연중 무휴
주소 : 전라북도 완주군 고산면 읍내 2길 17–9
연락처 : 063–262–4340
영업 시간 : 점심 12:00 ～ 14:00 / 저녁 17:30 ～ 19:30

9. 원조 화심두부

대표 메뉴 : 화심순두부, 고기순두부, 두부등심돈까스

게르마늄이 다량 함유된 청정한 물과 건강한 국산콩으로 만들어 더욱 고소한 맛을 내는 원조 화심두부다. 3대째 60년 전 가마솥 맛 그대로 전통 방식의 요리를 선보이고 있는 이 식당은 무엇보다 내 가족을 위하는 정성으로 좋은 재료를 고집하고 있다.

특징 : 해물육수 / 직접 만든 두부 HACCP / 당일 생산, 당일 소진 / 로컬푸드 두유, 두부, 순두부 /
두부 제조 시 천연간수 사용
주소 : 전라북도 완주군 소양면 전진로 1066
연락처 : 063-243-8952
영업 시간 : 7:00 ~ 20:30

10. 풍경마당

대표 메뉴 : 들깨수제비, 비빔막국수, 메밀소바

국산 메밀로 만든 메밀면과 메밀국수전문점이다. 동치미 메밀막국수와 불로초 편육의 맛이 살아 있는 풍경마당은 국산 메밀을 사용한다. 조미료를 사용하지 않으며 직접 반죽하는 손수제비는 쫄깃하다.

특징 : 매월 2, 4주 화요일 휴무
주소 : 전라북도 완주군 용진읍 구억명덕로 52
연락처 : 063-242-0002
영업 시간 : 10:00 ~ 20:00

11. 화심순두부 본점

대표 메뉴 : 화심순두부찌개, 두부돈까스, 해물순두부찌개

대물림되고 있는 순두부요리 전문점 화심순두부는 하루에 2번 두부를 만들어 신선함을 자랑한다. 고소한 두부 맛이 그대로 살아 있는 순두부찌개는 어른들 입맛에 적당하고, 엄선된 신선하고 질 좋은 돈육 사이에 양념 순두부를 넣은 튀김에 수제소스를 얹어 부드럽고 고소한 맛이 일품인 두부돈까스는 어린아이들의 입맛을 사로잡는다.

특징 : 음식 포장주문 시 1.5인분 포장
주소 : 전라북도 완주군 소양면 전진로 1051 / www.hwashum.co.kr
연락처 : 063-243-8268
영업 시간 : 8:30 ~ 21:00

부록 : 완주 여행 가이드

각 정보는 '가나다' 순으로 정리가 되어 있습니다. 여기에 게재된 정보는 변경될 수 있으니 반드시 먼저 확인하시기 바랍니다.

■ 경천생활체육공원

- ▶ **T.** 063-290-3790
- ▶ 전라북도 완주군 경천면 경천리 680-3

■ 경천 오복마을

- ▶ **T.** 063-263-5555
- ▶ 전라북도 완주군 경천면 오복대석길 45 ┃ http://www.경천애인.com

  운영 시간 : 예약제로 운영함

  체험 요금 : △ 블랙베리효소 만들기 12,000원 △ 전통간식 인절미 만들기 5,000원 △ 고구마 수확 5,000원 △ 두부 만들기 8,000원 △ 천연염색 손수건 만들기 5,000원 △ 땅콩 수확 체험 5,000원 △ 옥수수 따기 체험 5,000원 △ 미꾸라지 잡기 체험 5,000원

  - ▶ 숙박 가능, 식사 가능

■ 경천 화암사

- ▶ **T.** 063-261-7576
- ▶ 전라북도 완주군 경천면 화암사길 271

■ 고산문화공원

- ▶ **T.** 063-290-2762
- ▶ 전라북도 완주군 고산면 고산휴양림로 89 ┃ http:// camp.wanju.go.kr

  [만경강수생생물체험과학관] (063-290-2768)

  운영 시간 : 3월~10월 09:00~18:00 / 11월~2월 09:00~17:00

  이용 요금 : △ 어린이(7세 이상 ~ 12세 이하 초등학생) 개인 1,000원, 단체(20인 이상) 500원 △ 청소년, 군인(13세 이상 ~ 18세 이하, 학생증 소지한 학생) 개인 1,500원, 단체 1,000원 △ 성인(19~64세) 개인 2,000원, 단체 1,500원

  - ▶ 휴관일 : 매주 월요일(월요일이 공휴일인 경우 그 다음날), 1월 1일, 설날 및 추석날

  [무궁화테마식물원] (063-290-2762~4)

  운영 시간 : 하절기 10:00 ~ 18:00 / 동절기 10:00~17:00

  이용 요금 : 휴양림 입장객에 한하여 무료 개방

  - ▶ 휴관일 : 1월 1일, 설날 및 추석날, 시설물 보수 시

[무궁화천문대](063-262-2955)

이용 인원 : 단체(10명 이상) 예약 시에 운영함

이용 요금 : △ 주간 5,000원 △ 야간 8,000원

▶ 5세 이상, 중학생까지는 보호자 1인 동반관람 필수

[밀리터리파크](063-290-2727, 063-290-2762)

운영 시간 : 예약제로 운영함, 하절기 09:00 ~ 18:00, 동절기 09:00 ~ 17:00

이용 대상자 : 10세 이상 (※단, 7세 ~ 9세까지는 보호자 동반 입장 가능)

▶ 주의사항 : 음주자, 슬리퍼나 샌들 착용자, 7세 미만 어린이는 게임을 할 수가 없습니다.

MOUT 이용 요금 : △ 일반 12,000원, 단체(30인 이상) 10,000원

△ 어린이 8,500원, 단체(30인 이상) 7,000원

△ 시설협약단체, 군인, 경찰, 장애인, 국가유공자, 완주군민 8,000원

▶ 추가탄창 90발 1,000원 △ 런닝슈팅, 실내 사격장 2,000원 △ 중화기 사격장 4,000원

▶ 휴관일 : 매주 월요일, 1월 1일, 설날 및 추석날, 시설물 보수 시, 우천 시

[투어바이크](063-717-7700)

운영 시간 : 예약제로 운영함

이용 요금 : △ 개인 12,000원 △ 단체 10,000원 (10인 이상)

■ 고산미소시장

▶ **T.** 063-262-0119

▶ 전라북도 완주군 고산면 남봉로 134

■ 고산자연휴양림

▶ **T.**063-263-8680

▶ 전라북도 완주군 고산면 고산휴양림로 246 | http://rest.wanju.go.kr

[고산자연휴양림]

이용 요금 : △ 어린이 개인 1,000원, 단체 500원 △ 청소년, 군인 개인 1,500원, 단체 1,000원

△ 성인 개인 1,500원, 단체 1,000원

▶ 비고 : 단체는 30인 이상, 숙박시설 이용객에 한하여 입장료 무료

[에코어드벤처]

운영 시간 : 예약제로 운영함, 오전 09:30 ~ 손오공, 저팔계 코스(최대 인원 30명)

△ 오후 13:00 ~ 슈퍼보드 코스(최대 인원 50명) △ 오후 15:00 ~ 손오공, 저팔계(최대 인원 50명)

▶ 시작 시간까지 현장 도착해야 함 : 안전교육 실시

이용 요금(단체 30인 이상) : △ 손오공 코스 개인 5,000원, 단체 4,000원 △ 저팔계 코스 개인 7,000원, 단체 6,000원 △ 슈퍼보드 코스 개인 7,000원, 단체 6,000원

■ 고산 창포마을

- ▶ **T.** 063-261-7373
- ▶ 전라북도 완주군 고산면 대아저수로 385 | http://www.changpovil.com

  운영 시간 : 예약제로 운영함

  체험 요금 : △ 할머니 다듬이 공연 체험(20인 이상) 300,000원 △ 창포 천연비누 만들기(20인 이상) 5,000원
  - ▶ 숙박 가능, 식사 가능(상시)

■ 구이 안덕마을

- ▶ **T.** 063-227-1000
- ▶ 전라북도 완주군 구이면 장파길 72 | http://www.poweranduk.com

  운영 시간 : 예약제로 운영함

  체험 요금 : △ 황토한증막 8,000원 △ 쑥뜸 6,000원 △ 농작물 수확 체험(20인 이상) 7,000원 △ 매듭팔찌 만들기(20인 이상) 7,000원 △ 두부 만들기(20인 이상) 7,000원 △ 인절미 만들기(20인 이상) 7,000원 △ 한방향기주머니만들기(20인 이상) 7,000원 △ 손수건 천연염색(30인 이상) 7,000원 △ 스카프 천연염색(30인 이상) 30,000원
  - ▶ 숙박 가능, 식사 가능(상시)

■ 구이 원계곡마을

- ▶ **T.** 063-717-7700
- ▶ 전라북도 완주군 구이면 원계곡길

  운영 시간 : 예약제로 운영함

  체험 요금 : 디스크골프 체험 5,000원
  - ▶ 숙박 가능

■ 대한민국술테마박물관

- ▶ **T.** 063-290-3842
- ▶ 전라북도 완주군 구이면 덕천전원길 232-58 | http://sulmuseum.kr

  관람 시간 : 3월~10월 10:00~18:00 / 11월~2월 10:00~17:00(폐관 30분 전까지 입장)

  관람 요금(단체는 20인 이상) : △ 19세 ~ 64세 성인 2,000원, 단체 1,000원

  △ 14세 ~ 18세 청소년·휴가증 소지한 군경 1,000원, 단체 700원 △ 8세 ~ 13세 어린이 500원, 단체 300원
  - ▶ 완주군민 50% ~ 40% 할인 △ 장애인, 국가유공자, 7세 이하, 65세 이상 무료

  체험 요금 : △ 주령구 만들며 즐기기 1,000원(현장 체험) △ 박물관이 살아있다! 발효 체험 활동지 1,000~2,000원(현장 체험) △ 요리조리쿡쿡 발효빵 만들기 5,000원 △ 바삭바삭 쿠키 만들기 5,000원 △ 주말발효 체험교실 5,000원 △ 전통주 빚기 10,000원 △ 하우스 맥주 만들기 15,000원 △ Shake it! 칵테일 만들기 5,000원
  - ▶ 발효빵 만들기, 쿠키 만들기, 주말 발표 체험은 당일 신청 불가(체험 전일 오후 3시까지 접수, 최소 인원 5명)
  - ▶ 휴관일 : 매주 월요일, 1월 1일, 설 / 추석 명절 당일

■ 비봉 천호마을

- ▶ **T.** 063-717-7700
- ▶ 전라북도 완주군 비봉면 내월리 841-79

  운영 시간 : 예약제로 운영함

  체험 요금 : △ 구황음식 체험(보리빵-블랑빵) 10,000원 △ 양초 공예 체험(향초 등) 5,000~30,000원
  - ▶ 식사 가능

■ 비봉 천호성지

- ▶ **T.** 063-263-1004/천호가톨릭성물박물관 063-262-0801
- ▶ 전라북도 완주군 비봉면 천호성지길 124 | http://www.cheonhos.org

  운영 시간 : 연중 무휴 10:00 ~ 17:00(동절기 16:30)

■ 비봉 힐조타운

- ▶ **T.** 1899-5852
- ▶ 전라북도 완주군 비봉면 천호로 235-38 | http://www.healjo.co.kr, http://www.huesikhae.com

  운영 시간 : 연중 무휴 △ 하절기 불빛축제는 5월~10월 19:00 ~ 24:00 △ 동절기 불빛축제는
  11월~4월 18:00 ~ 24:00

  운영 요금 : △ 평일 4,000원 △ 주말 5,000원 △ 수소테라피 프로그램(주간) 1회 25,000원

■ 삼례문화예술촌

- ▶ **T.** 070-8915-8121~32
- ▶ 전라북도 완주군 삼례읍 삼례역로 81-13 | http://www.srartvil.kr

  운영 시간 : 화요일 ~ 일요일 10:00~18:00(관람 종료 1시간 전 입장 가능)

  운영 요금 : △ 일반 2,000원 △ 학생(초/중/고) 1,000원 △ 유치원(만 3세 이상) 500원
  - ▶ 완주군민, 65세 이상 노인, 국가유공자, 기초생활수급자 무료 관람
  - ▶ 휴관일 : 매주 월요일

■ 삼례 비비낙안

- ▶ **T.** 063-291-8608
- ▶ 전라북도 완주군 삼례읍 비비정길 26

  운영 시간 : 오전 10:30 ~ 21:30)
  - ▶ 휴무일 : 매주 월요일

■ 삼례 비비정

▶ 전라북도 완주군 삼례읍 비비정길 96-9

■ 삼례 비비정예술열차

▶ **T.** 063-211-7788
▶ 전라북도 완주군 삼례읍 비비정길 73-21
운영 시간 : △ 비비레스토랑 매일 12:00 ∼ 21:00 △ 카페, 편의점, 갤러리 매일 10:00 ∼ 22:00

■ 삼례 세계막사발박물관

▶ **T.** 063-290-2162
▶ 전라북도 완주군 삼례읍 삼례역로 85

■ 삼례 책마을

▶ **T.** 063-291-7820
▶ 전라북도 완주군 삼례읍 삼례역로 68 ┃ http://www.koreabookcity.com
운영 시간 : 연중무휴 △ 평일 11:00 ∼ 22: 00 △ 금 · 토 · 공휴일 전날 10:00 ∼ 24:00

■ 상관 편백숲

▶ 전라북도 완주군 상관면 죽림리 산214-1

■ 소양 대승한지마을

▶ **T.** 063-242-1001
▶ 전라북도 완주군 소양면 복은길 18 ┃ http://www.hanjivil.com
운영 시간 : 예약제로 운영함
　　　　　△ 하절기(3월 ∼ 10월) 09:00 ∼ 18:00 △ 동절기(11월 ∼ 2월) 09:00 ∼ 17:30
체험 요금 : △ 전통 한지 초지 체험(20인 이상) 5,000원 △ 한지 초지 액자 만들기 8,000원 △ 한지 고무신 만들기 7,000원 △ 연필꽂이 만들기 5,000원 △ 손거울 만들기 8,000원 △ 한지 엽서 만들기 4,000원 △ 다용도함 만들기 10,000원 / 15,000원 / 20,000원
　　▶ 휴관일 : 매주 월요일
　　▶ 숙박 가능, 식사 가능

■ 소양 오성한옥마을

▶ 전라북도 완주군 소양면 송광수만로 일원

■ 소양 인덕마을

▶ **T.** 063-241-7887

▶ 전라북도 완주군 소양면 인덕길 245-17 ┃ http;//www.indeokvill.com

운영 시간 : 예약제로 운영함

체험 요금 : △ 농작물 수확 체험 각 5,000원 △ 참나물 칼국수 만들기 7,000원 △ 참나물 피자 체험 8,000원
△ 참나물 수제 버거 만들기 8,000원 △ 연리지 만들기 체험 6,000원 △ 황토가마구이 체험 10,000원

  ▶ 숙박 가능, 식사 가능

■ 소양 송광사

▶ **T.** 063-243-8091 / 241-8090

▶ 전라북도 완주군 소양면 송광수만로 255-16 ┃ http://songgwangsa.or.kr

■ 소양 위봉폭포

▶ 전라북도 완주군 소양면 대흥리

■ 용진 도계마을

▶ **T.** 063-244-0684

▶ 전라북도 완주군 용진면 봉서로 198 ┃ http://dogyekimchi.hohom.co.kr

운영 시간 : 예약제로 운영함

체험 요금 : △ 손두부 체험 8,000원 △ 김장김치 체험 15,000원(시가) △ 야생초 손수건 염색 6,000원
△ 콩비지완자 만들기 7,000원 △ 조롱박 꾸미기 8,000원 △ 조롱박 냅킨 아트 10,000원
△ 전통매듭 만들기 5,000원

  ▶ 숙박 가능, 식사 가능

■ 용진 두억마을

▶ **T.** 063-247-0050

▶ 전라북도 완주군 용진면 두억길 13-12 ┃ http://cafe.daum.net/happybongse

운영 시간 : 예약제로 운영함

체험 요금 : △ 조선시대 과거시험 (20인 이상) 20,000원 △ 전통민속 놀이 2,000원 △ 허수아비 만들기
5,000원 △ 전통제기 만들기 2,000원

  ▶ 숙박 가능, 식사 가능(상시)

■ 용진 신봉마을

- ▶ **T.** 063-717-7700
- ▶ 전라북도 완주군 용진읍 운곡신봉길 14-2

  체험 요금 : △ 민요 체험 5,000원 △ 민요 공연 1식 200,000원 △ 무성영화 관람 1식 100,000원
  △ 수수경단 만들기 7,000원

■ 이서 물고기마을

- ▶ **T.** 063-213-8400
- ▶ 전라북도 완주군 이서면 반교로 311 ǀ http://물고기마을.com

  운영 시간 : 09:30~18시(동절기 09:30~17시)

  관람 요금 : △ 대인 5,000원 △ 소인 4,000원 △ 단체, 장애인, 경로우대 3,000원(단체20명 이상)

  체험 요금 : △ 물고기 먹이주기 체험 1,000원 △ 물고기 잡기 체험 3,000원 △ 가족 낚시 체험 9,000원
  △ 재미있는 만들기 체험 3,000원

  - ▶ 휴관일 : 매주 월요일

■ 이서 앵곡마을

- ▶ **T.** 063-717-7700
- ▶ 전라북도 완주군 이서면 신지앵곡길 234

  체험 요금 : △ 콩쥐꽃신 만들기 8,000원 △ 콩쥐를 도와줘(벽화 체험) 5,000원

■ 이서 초남이성지

- ▶ **T.** 063-214-5004
- ▶ 전라북도 완주군 이서면 초남신기길 128-5

■ 전라북도 대둔산도립공원

- ▶ **T.** 063-263-9949
- ▶ 전라북도 완주군 운주면 대둔산공원길 23 ǀ http:// daedunsan.alltheway.kr

  주차 요금 : 3,000원(버스), 2,000원(승용차), 1,000원(경차, 영업용 승용차), 400원(이륜차)

  케이블카 이용 요금 (할인 : 단체-30인 이상, 경로-65세 이상, 장애인, 국가유공자, 완주군민) : △ 왕복 – 대인
  9,500원, 대인 할인 8,500원, 소인 6,500원, 소인 할인 6,000원 △ 편도 – 대인 6,500원, 대인 할인 6,000원,
  소인 4,500원, 소인 할인 4,000원

■ 전라북도 대아수목원

▶ **T.** 063-243-1951

▶ 전라북도 완주군 동상면 대아수목로 94-34 | http://forest.jb.go.kr/daeagarden

입장료 및 주차 요금 : 무료

운영 시간 : △ 3월~10월 09:00~18:00 △ 11월~2월 09:00~17:00

▶ 휴무일 : 1월 1일, 설날, 추석 당일

■ 전라북도 모악산도립공원

▶ **T.** 063-290-2752

▶ 전라북도 완주군 구이면 모악산길 91

■ 전북도립미술관

▶ **T.** 063-290-6888

▶ 전라북도 완주군 구이면 모악산길 111-6 | http://www.jma.go.kr/

운영 시간 : 화요일 ~ 일요일 10:00 ~ 18:00(17:00 까지 입장 가능)

관람 요금 : 무료

▶ 휴관일 : 매주 월요일, 1월 1일, 설날, 추석

■ 화산 상호마을

▶ **T.** 063-717-7700

▶ 전라북도 완주군 화산면 상호길 29-4

운영 시간 : 예약제로 운영함

체험 요금 : △ 잡색놀이 탈 만들기 7,000원 △ 미꾸라지 잡기 5,000원

▶ 숙박 가능, 식사 가능

제1판 1쇄 발행 2017년 12월 18일
제1판 2쇄 발행 2018년 3월 15일

엮 은 이 완주군관광지원센터
펴 낸 이 강선희
펴 낸 곳 가림출판사

기획 및 총괄 임채군
편집 및 마케팅 담당 김용훈, 이은정, 선셋별

등록번호 1992. 10. 6. 제4-191호
주　　소 서울시 광진구 능동로 334(중곡동) 경남빌딩 5층
홈페이지 www.galim.co.kr
이 메 일 galim@galim.co.kr

ISBN　　978-89-7895-403-7 13980

값 18,000원

ⓒ 완주군관광지원센터, **2017**

저자와의 협의하에 인지를 생략합니다.

이 도서의 국립중앙도서관 출판예정도서목록(CIP)은 서지정보유통지원시스템 홈페이지(http://seoji.nl.go.kr)와
국가자료공동목록시스템(http://www.nl.go.kr/kolisnet)에서 이용하실 수 있습니다.
(CIP제어번호: CIP2018002972)